U0255227

高等院校“十四五”经济管理类课程实验指导丛书

# 应用非参数统计实验指导

EXPERIMENTAL GUIDANCE OF APPLIED NON-PARAMETRIC STATISTICS

主　编◎王志刚　韩　猛
副主编◎雷　鸣　师　津

经济管理出版社
ECONOMY & MANAGEMENT PUBLISHING HOUSE

**图书在版编目（CIP）数据**

应用非参数统计实验指导／王志刚，韩猛主编．—北京：经济管理出版社，2020.12
ISBN 978-7-5096-7458-1

Ⅰ.①应…　Ⅱ.①王…②韩…　Ⅲ.①非参数统计—实验—高等学校—教学参考资料　Ⅳ.①O212.7-33

中国版本图书馆 CIP 数据核字（2020）第 244975 号

组稿编辑：王光艳
责任编辑：王光艳
责任印制：黄章平
责任校对：张晓燕

出版发行：经济管理出版社
（北京市海淀区北蜂窝 8 号中雅大厦 A 座 11 层　100038）
网　　址：www.E-mp.com.cn
电　　话：（010）51915602
印　　刷：北京市海淀区唐家岭福利印刷厂
经　　销：新华书店
开　　本：787mm×1092mm/16
印　　张：11.25
字　　数：288 千字
版　　次：2024 年 1 月第 1 版　　2024 年 1 月第 1 次印刷
书　　号：ISBN 978-7-5096-7458-1
定　　价：58.00 元

# 《经济管理方法类课程系列实验教材》编委会

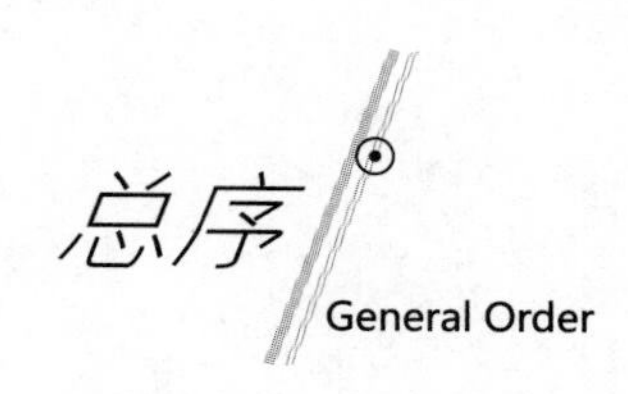

# 总序

General Order

随着各种定量分析方法在经济管理中的应用与发展，各高校均在经济管理类各专业培养计划的设置中增加了许多方法类课程，如统计学、计量经济学、时间序列分析、金融时间序列分析、SPSS 统计软件分析、多元统计分析、概率论与数理统计等。对于这些方法类课程，很多学生认为学起来比较吃力，由于数据量较大、计算结果准确率偏低，学生容易产生畏难情绪，这降低了他们进一步学习这些课程的兴趣。事实上，这些课程的理论教学和实验教学是不可分割的两部分。其理论教学是对各种方法的逐步介绍，而仅通过理论教学无法对这些方法形成完整的认知，所以实验教学就肩负着引导学生实现理性的抽象向理性的具体飞跃，对知识意义进行科学的建构，对所学方法进行由此及彼、由表及里的把握与理解的任务。

借助于专业软件进行实验教学，通过个人实验和分组实验，学生能够体验到认知的快乐、独立创造的快乐、参与合作的快乐等，从而提高学习兴趣。

此外，在信息时代，作为数据处理和分析技术的统计方法日益广泛地应用于自然科学和社会科学研究、生产和经营管理及日常生活中。国内很多企业开始注重数据的作用，并引入了专业软件作为定量分析工具，掌握这些软件的学生在应聘这些岗位时拥有明显的优势。学生走上工作岗位后，在日常工作中或多或少地会涉及数据统计分析工作，面对海量的数据，仅凭一张纸和一支笔是无法在规定的时间内准确无误地完成统计分析的。有的学生毕业后还会向老师请教如何处理数据统计分析的问题，如果他们在学校里经过系统的实验培训与学习，这些问题将会迎刃而解。这也是本系列教材出版的初衷。

本系列教材力求体现以下特点：

第一，注重构建新的实验理念，拓宽知识面，内容尽可能创新且贴近财经类院校的专业特色。

第二，注重理论与实践相结合，突出重点、详述过程、淡化难点、精炼结论，加强直观印象，立足学以致用。

感谢经济管理出版社的同志们，他们怀着极大的热情和愿望，经过反复论证，使这套系列教材得以出版。感谢参与教材编写的各位同仁，愿大家的辛勤耕耘收获累累硕果。

**杜金柱**

2021 年 11 月于呼和浩特

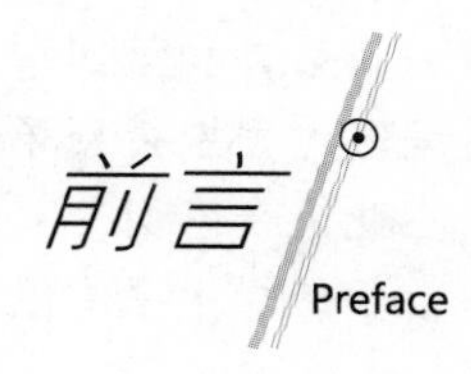

# 前言

统计学是通过数据认识我们周围自然世界规律的重要工具，具体地说是一门关于数据的收集、整理与分析的方法论学科。它也是经济管理类本科专业的核心基础课。随着近几十年计算机技术的飞速发展和统计软件的推陈出新，统计方法的普适性得以不断提升，人们对统计方法的应用能力也已经受到教育部门和各高校的普遍重视。目前，国内广泛应用的统计学教材都增加了统计软件的内容，例如SPSS、Splus、STATISTICA、R、SAS等，这些教材的内容与实际教学中统计学的教学内容有一定的差距。因此，在实际教学中既需要讲授理论内容，同时也需要讲授与理论内容相适应的软件实验，为此我们力图编写出一本符合目前国内培养应用型人才教育教学需求、满足年轻学子实践需求的统计实验教材。

非参数统计方法是统计学的一个重要分支。我们知道，传统的参数统计方法往往假定数据的分布是已知的，不能确定的是有限的一些参数值，而统计工作者所要做的是对这些参数值进行估计和检验。但是在实践中，在没有足够证据时，去假定一个总体的分布形式并进行估计和检验是不负责任的。而非参数统计方法在统计推断过程中不需要对总体分布做出过多的假定，有较好的稳健性。

本书以非参数统计包括的内容为主线，结合当前的主流统计软件R，从基础的描述性统计分析入手，分模块地介绍了非参数统计分析方法。

本书力求从数据分析的应用需求出发，通过对实际问题的剖析、统计方法的讲解来提出解决相关问题的统计方法，同时配合R软件操作使用的详解，提出解决相关问题的具体步骤，从而使读者能够理解常用非参数统计方法的思想，并通过R软件实现应用非参数统计方法分析数据的需求。

本书的目的是希望用简明的语言、完整的案例分析来直观地介绍非参数统计方法的基本应用，对方法的介绍仅仅围绕软件结果的输出，目的是使读者真正了解计算机输出结果以及它们对分析结论的重要性，以此作为非参数统计课堂理论教学的一个有益补充。学习本书所需要的预备知识为初等统计学的基本内容以及对R软件的初步了解。

本教材共有十一章，包括数据的初步分析、单样本问题、两样本问题、多样本问题、区组设计问题、尺度检验、秩相关分析、分布检验和拟合优度检验、分类数据关联性问题、核函数密度估计、综合案例。

前十章每章包括实验目的和要求、实验内容、准备知识、实验项目以及练习实验，使知识体系更明晰，便于学生学习和掌握，并培养学生分析问题和解决问题的能力。

本书可作为高等学校统计学类、医学类、经济学类、管理学类等专业非参数统计课程的教材或参考书，适合从事数据分析的社会各领域相关专业的读者，也可以为各专业研究生和本科生掌握 R 软件的使用提供帮助。

该教材各章编写分工如下：王志刚负责编写第三、第六、第七和第八章，韩猛负责编写第一、第二和第四章，雷鸣负责编写第五和第十章，师津负责编写第九和第十一章。本教材编写过程中得到了内蒙古财经大学统计与数学学院的领导以及部分同事的关心和帮助，在此深表感谢。

由于笔者水平有限，本书难免存在不足和疏漏之处，恳请同行专家和读者提出宝贵意见。

本书的编写参阅了大量的文献资料，借鉴了同行专家的许多有价值的研究成果，特别是书中不少案例和数据参考和借鉴了吴喜之教授的成果，在此表示衷心的感谢。

编者

2023 年 11 月 26 日

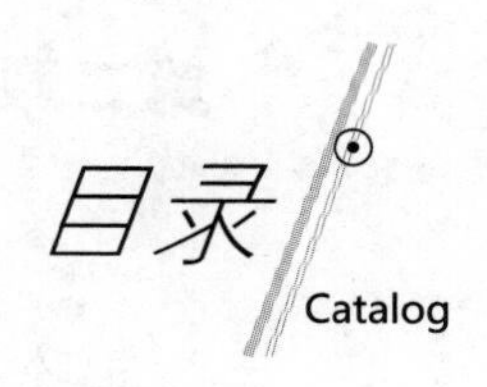


## 第一章　数据的初步分析

# 第二章 单样本问题

## 第三章 两样本问题



## 第四章 多样本问题

## 第五章　区组设计问题

## 第六章 尺度检验

## 第七章　秩相关分析



## 第八章　分布检验和拟合优度检验

## 第九章 分类数据关联性问题



## 第十章 核函数密度估计

## 第十一章　综合案例



## 附　录

# 第一章
# 数据的初步分析

一个数据可能有很多变量和观测值，这些变量和观测值可以通过一些简单的表格、图形以及少数的特征统计量来进行描述。这些方法在统计学中被称为描述性统计分析方法，其目的在于帮助我们整理、展示数据，了解数据的特征，为进一步的统计推断做好准备。

通过计算机软件对数据进行描述性统计分析，可以更加直观、便捷地了解数据的分布特征，有利于对统计描述的理解。本章的实验重点是介绍如何运用 R 软件来对数据进行描述性统计分析，并掌握描述性统计的基本方法和概念。

# 实验一 数据的统计量描述

## 一、实验目的

初步了解数据的特点、分布形状；熟悉 R 软件的程序结构；学会使用 R 软件计算数据的描述统计量。

## 二、实验内容

掌握通过 R 软件读入或输入数据，并能够计算数据集的均值、中位数、分位数、方差、标准差、变异系数、偏度系数以及峰度系数。

## 三、准备知识

1. 位置的度量

所谓位置的度量，就是那些用来描述数据集中趋势的统计量，常用的有均值、中位数、众数、百分位数等。

均值（Mean）指的是在一组数据中所有数据之和除以这组数据的个数，即

$$\bar{x} = \frac{\sum_{i=1}^{n} x_i}{n}$$

中位数（Median）指的是一组数据按从小到大（或从大到小）的顺序依次排列，处在中间位置的一个数，即

$$m_e = \begin{cases} x_{\left(\frac{n+1}{2}\right)}, & \text{当 } n \text{ 为奇数时} \\ \frac{1}{2}\left(x_{\frac{n}{2}} + x_{\frac{n}{2}+1}\right), & \text{当 } n \text{ 为偶数时} \end{cases}$$

中位数描述的是数据的中心位置，不受数据分布的影响，具有稳健性，是数据分析中相当重要的统计量。

众数（Mode）指的是在一组数据中，出现次数最多的那个数据。

百分位数（Quantile）是指将一组数据从小到大排序，并计算相应的累计百分位，某一百分位所对应数据的值。

$$m_p=\begin{cases}x_{([np]+1)}, & \text{当 } np \text{ 不是整数时}\\ \frac{1}{2}(x_{(np)}+x_{(np)+1}), & \text{当 } n \text{ 是整数时}\end{cases}$$

其中，[ $np$ ] 为 $np$ 的整数部分。

2. 离散趋势度量

所谓离散趋势度量，就是表示数据分散或变异程度的特征统计量，常用的有方差、标准差、变异系数等。

样本方差 $S^2$（Sample Variance）指的是描述数据取值分散性的一个度量，即

$$S^2=\sum_{i=1}^{n}(x_i-\bar{x})^2\Big/(n-1)$$

样本标准差 $S$（Standard Deviation）指的是样本方差的开方，即

$$S=\sqrt{S^2}$$

变异系数（$CV$）是刻画数据相对分散性的一种度量，是一个无量纲的量，用百分数表示。

$$CV=100\times\frac{S}{\bar{x}}(100\%)$$

3. 分布形状的度量

数据分布形状的度量包括偏度系数和峰度系数。

偏度系数的计算公式为：

$$g_1=\frac{n}{(n-1)(n-2)S^3}\sum_{i=1}^{n}(X_i-\bar{X})^3=\frac{n^2\mu_3}{(n-1)(n-2)S^3}$$

其中，$S$ 是标准差，$\mu_3$ 是样本三阶中心矩，即 $\mu_3=\frac{1}{n}\sum_{i=1}^{n}(X_i-\bar{X})^3$。偏度系数是刻画数据的对称性指标。关于均值对称的数据偏度系数为 0；数据左偏时，偏度系数为负；数据右偏时，偏度系数为正。

峰度系数的计算公式为：

$$g_2=\frac{n(n+1)}{(n-1)(n-2)(n-3)S^4}\sum_{i=1}^{n}(X_i-\bar{X})^4-3\frac{(n-1)^2}{(n-2)(n-3)}$$

$$ZK=\frac{n^2(n+1)\mu_4}{(n-1)(n-2)(n-3)S^4}-3\frac{(n-1)^2}{(n-2)(n-3)}$$

其中，$S$ 是标准差，$\mu_4$ 是样本四阶中心矩，即 $\mu_4=\frac{1}{n}\sum_{i=1}^{n}(X_i-\bar{X})^4$。来自正态总体的数据峰度系数近似为 0；如果样本数据的峰度小于 0，则该样本数据的总体分布比正态分布的尾部更分散；如果一个样本数据的峰度大于 0，则样本数据的总体分布较正态分布更集中。

## 四、实验项目

某灯泡生产厂商测试某种新型灯泡的燃烧寿命，表 1-1 列出了 200 个灯泡样本的可使

用小时数（数据详见附录二二维码 1.1.1.txt）。

**表 1-1　灯泡寿命测试数据**　　单位：小时

| 107 | 73 | 68 | 97 | 76 | 79 | 94 | 59 | 98 | 57 |
|---|---|---|---|---|---|---|---|---|---|
| 79 | 98 | 63 | 65 | 66 | 62 | 79 | 86 | 68 | 74 |
| 64 | 79 | 78 | 79 | 77 | 86 | 89 | 76 | 74 | 85 |
| 92 | 78 | 88 | 77 | 103 | 88 | 63 | 68 | 88 | 81 |
| 74 | 70 | 85 | 61 | 65 | 81 | 75 | 62 | 94 | 71 |
| 93 | 61 | 65 | 62 | 92 | 65 | 64 | 66 | 83 | 70 |
| 78 | 66 | 66 | 94 | 77 | 63 | 66 | 75 | 68 | 76 |
| 61 | 71 | 77 | 91 | 96 | 75 | 64 | 76 | 72 | 77 |
| 81 | 71 | 85 | 99 | 59 | 92 | 94 | 62 | 68 | 72 |
| 85 | 67 | 87 | 80 | 84 | 93 | 69 | 76 | 89 | 75 |
| 73 | 81 | 54 | 65 | 71 | 80 | 84 | 88 | 62 | 61 |
| 61 | 82 | 65 | 98 | 63 | 71 | 62 | 116 | 65 | 88 |
| 73 | 80 | 68 | 78 | 89 | 72 | 58 | 69 | 82 | 72 |
| 64 | 73 | 75 | 90 | 62 | 89 | 71 | 71 | 74 | 70 |
| 85 | 84 | 83 | 63 | 92 | 68 | 81 | 62 | 79 | 83 |
| 70 | 81 | 77 | 72 | 84 | 67 | 59 | 58 | 73 | 83 |
| 73 | 76 | 90 | 78 | 71 | 101 | 78 | 43 | 59 | 67 |
| 74 | 65 | 82 | 86 | 79 | 74 | 66 | 86 | 96 | 89 |
| 77 | 60 | 87 | 84 | 75 | 77 | 51 | 45 | 63 | 102 |
| 59 | 77 | 83 | 68 | 72 | 67 | 92 | 89 | 82 | 96 |

计算数据集的均值、中位数、分位数、方差、标准差、变异系数、偏度系数以及峰度系数。

首先通过 R 软件中的 read.table() 命令来读入实验数据（也可以通过函数 scan() 来读入数据）。以本实验为例，假定数据的存储路径为：D：/data/1.1.1，则具体读入过程如下。在 R 软件中运行以下代码：

R 代码

```
x<-read.table("D:/data/1.1.1.txt")
x=t(x) ####对数据进行转置
```

读入数据后，可以通过 mean() 这一函数求得数据的均值，记为 x.mean，过程如下：

R 代码

```
>x.mean=mean(x)
>x.mean
[1] 76.05
```

通过R软件还可以对数据进行排序。在R软件中，可以通过sort()函数（具体用法可以参考help文件）对数据进行排序。例如，分别对数据进行降序和升序排列，过程如下：

R代码

```
>sort(x,decreasing=T)
[1]   116 107 103 102 101 99  98  98  98  97  96  96  96  94  94  94  94  93
[19]  93  92  92  92  92  92  91  90  90  89  89  89  89  89  89  88  88  88
[37]  88  88  87  87  86  86  86  86  85  85  85  85  85  84  84  84  84  84
[55]  83  83  83  83  83  82  82  82  82  81  81  81  81  81  81  80  80  80
[73]  79  79  79  79  79  79  79  78  78  78  78  78  78  77  77  77  77  77
[91]  77  77  77  77  76  76  76  76  76  76  75  75  75  75  75  75  74  74
[109] 74  74  74  74  73  73  73  73  73  73  72  72  72  72  72  72  71  71
[127] 71  71  71  71  71  71  70  70  70  70  69  69  68  68  68  68  68  68
[145] 68  68  67  67  67  67  66  66  66  66  66  66  65  65  65  65  65  65
[163] 65  65  64  64  64  64  63  63  63  63  63  63  62  62  62  62  62  62
[181] 62  62  61  61  61  61  61  60  59  59  59  59  59  58  58  57  54  51
[199] 45  43
```

R代码

```
>sort(x,decreasing=F)
[1]   43  45  51  54  57  58  58  59  59  59  59  59  60  61  61  61  61  61
[19]  62  62  62  62  62  62  62  62  63  63  63  63  63  63  64  64  64  64
[37]  65  65  65  65  65  65  65  65  66  66  66  66  66  66  67  67  67  67
[55]  68  68  68  68  68  68  68  68  69  69  70  70  70  70  71  71  71  71
[73]  71  71  71  71  72  72  72  72  72  72  73  73  73  73  73  73  74  74
[91]  74  74  74  74  75  75  75  75  75  75  76  76  76  76  76  76  77  77
[109] 77  77  77  77  77  77  77  78  78  78  78  78  78  79  79  79  79  79
[127] 79  79  80  80  80  81  81  81  81  81  81  82  82  82  82  83  83  83
[145] 83  83  84  84  84  84  84  85  85  85  85  85  86  86  86  86  87  87
[163] 88  88  88  88  88  89  89  89  89  89  89  90  90  91  92  92  92  92
[181] 92  93  93  94  94  94  94  96  96  96  97  98  98  98  99  101 102103
[199] 107  116
```

在R软件中，求数据中位数的命令函数为median()，过程如下：

R代码

```
>median(x)
[1] 75.5
```

在 R 软件中，求分位数的命令函数为 quantile( )，我们可以通过 quantile( ) 函数求任意一个具体的分位点值，也可以同时求多个分位点值，例如：

```
R 代码
>quantile(x)
0%     25%    50%    75%    100%
43.00  66.75  75.50  84.00  116.00
```

```
R 代码
>quantile(x,0.05)
5%
59.00
```

```
R 代码
>quantile(w,probs=seq(0,1,0.2))
0%     20%    40%    60%    80%    100%
47.40  56.98  62.20  64.00  67.32  75.00
```

在 R 软件中求方差和标准差的命令函数为 var( ) 和 sd( )，通过这两个命令函数可以很容易地求出数据的方差、标准差。具体如下：

```
R 代码
>var(x)
[1] 145.4548
```

```
R 代码
>sd(x)
[1] 12.06046
```

在 R 软件中没有内置的用来求数据的变异系数、峰度系数和偏度系数的函数，不过我们可以根据公式，自己编写命令或函数来求这些统计量的值。例如，变异系数可以通过以下命令求得：

```
R 代码
>cv=100*sd(x)/mean(x); cv
[1] 15.8586
```

而样本数据的峰度系数和偏度系数可以通过以下命令求得：

```
R代码
n<- length(x)
  m<- mean(x)
  s<- sd(x)
  g1<- n/((n-1)* (n-2))* sum((x-m)^3)/s^3
  g2 <-
((n* (n+1))/((n-1)* (n-2)* (n-3))*sum((x-m)^4)/s^4-(3* (n-1)^2)/((n-2)* (n-3)))
```

我们也可以编写一个完整的函数来将以上所有特征统计量求出来，以下给出了一个简单的函数，用法如下：

**均值、方差、标准差、中位数、变异系数、偏度系数以及峰度系数的计算函数**

```
R代码
data_outline<-function(x){
n<- length(x)
m<- mean(x)
v<- var(x)
s<- sd(x)
me<- median(x)
cv<- 100*s/m
g1<- n/((n-1)*(n-2))*sum((x-m)^3)/s^3
g2<- ((n* (n+1))/((n-1)* (n-2)* (n-3))* sum((x-m)^4)/s^4-(3* (n-1)^
2)/((n-2)* (n-3)))
data.frame(N=n,Mean=m,Var=v,std.dev=s,
Median=me,CV=cv,Skewness=g1,Kurtosis=g2,row.names=1)
}
```

```
R代码
>data.outline(x)
  N  Mean   Varstd_devMedian    CV  Skewness  KurtosisR1
1 200 76.05 145.4548 12.06046  75.5  15.8586  0.2770275  0.03557146  1
```

## 五、练习实验

（1）以下数据为非洲44个国家的人均收入：

表 1-2　非洲 44 个国家的人均收入　　单位：美元

| | | | | | | | |
|---|---|---|---|---|---|---|---|
| 1890.00 | 640.00 | 660.00 | 320.00 | 290.00 | 1870.00 | 7480.00 | 290.00 |
| 740.00 | 1490.00 | 100.00 | 430.00 | 170.00 | 200.00 | 150.00 | 380.00 |
| 440.00 | 260.00 | 190.00 | 140.00 | 290.00 | 320.00 | 2780.00 | — |
| 3430.00 | 250.00 | 90.00 | 390.00 | 430.00 | 220.00 | 1350.00 | — |
| 300.00 | 450.00 | 3580.00 | 590.00 | 4090.00 | 320.00 | 310.00 | — |
| 100.00 | 640.00 | 310.00 | 130.00 | 210.00 | 550.00 | 240.00 | — |

请计算数据集的均值、中位数、分位数、方差、标准差、变异系数、偏度系数以及峰度系数（数据详见附录二二维码 1.1.2.txt）。

（2）以下数据为《福布斯》杂志公布的全球排名前列的 125 家公司的利润：

表 1-3　全球排名前列的 125 家公司的利润　　单位：美元

| | | | | | | | | | |
|---|---|---|---|---|---|---|---|---|---|
| 10.93 | 4.08 | 1.46 | 0.91 | 0.73 | 0.84 | 0.86 | 0.56 | 0.42 | 0.30 |
| 8.75 | 2.77 | 1.02 | 1.36 | 0.67 | 0.54 | 0.39 | 0.41 | 0.39 | 0.41 |
| 5.89 | 2.78 | 1.61 | 0.88 | 1.08 | 0.47 | 0.49 | 0.32 | 0.22 | 0.28 |
| 12.43 | 2.77 | 1.49 | 1.13 | 0.59 | 0.43 | 0.46 | 0.41 | 0.30 | 0.34 |
| 4.54 | 2.31 | 2.43 | 1.54 | 1.14 | 0.52 | 0.28 | 0.43 | 0.35 | 0.25 |
| 3.54 | 1.83 | 0.87 | 0.63 | 0.44 | 0.51 | 0.81 | 0.42 | 0.27 | 0.24 |
| 1.80 | 1.68 | 1.07 | 0.73 | 0.84 | 1.11 | 0.28 | 0.45 | 0.38 | 0.26 |
| 3.30 | 3.67 | 2.85 | 1.90 | 0.52 | 0.37 | 0.31 | 0.37 | 0.27 | 0.23 |
| 5.09 | 3.23 | 0.91 | 1.36 | 0.93 | 0.55 | 0.39 | 0.23 | 0.15 | — |
| 2.46 | 0.55 | 0.93 | 1.03 | 1.07 | 0.55 | 0.47 | 0.33 | 0.33 | — |
| 3.34 | 1.48 | 1.77 | 0.34 | 0.29 | 0.42 | 0.25 | 0.39 | 0.31 | — |
| 3.55 | 1.58 | 0.87 | 1.08 | 0.34 | 0.75 | 0.60 | 0.20 | 0.24 | — |
| 2.63 | 1.53 | 0.91 | 0.91 | 1.26 | 1.00 | 0.42 | 0.43 | 0.16 | — |

请计算数据集的均值、方差、标准差、中位数、变异系数、偏度系数以及峰度系数（数据详见附录二二维码 1.1.3.txt）。

# 实验二　数据分布

## 一、实验目的

掌握判断样本数据是否来自正态总体的方法；对于给定的样本数据，能通过 R 软件绘出样本数据的直方图、经验分布图以及 Q-Q 图。

## 二、实验内容

通过 R 软件绘出样本数据的直方图、经验分布图以及 Q-Q 图。

## 三、准备知识

想要了解样本数据的总体分布情况，仅有特征统计量是不够的，还需要研究数据的分布。而研究数据的总体分布的一个主要问题就是判断数据是否来自于某一个正态总体，也就是所谓的分布的正态性检验问题。研究这一问题常用到的方法包括直方图、经验分布图、Q-Q 图以及下一个实验内容所包括的茎叶图、箱线图等。

直方图：直方图是一种二维统计图，它的两个坐标分别是统计样本和该样本对应的某个属性的度量。直方图是用面积而非高度来表示数量。直方图由一组块形组成，每一个块形的面积表示在相应的小组区间中事例的百分数。采用密度尺度，每一个块形的高度等于相应小组区间中事例的百分数除以该区间的长度。其面积呈现为百分数，总面积为 100%。直方图下两个数值之间的面积给出了落在那个区间内的事件的百分数。

经验分布图：直方图的制作适合于总体为连续分布的场合。对于一般的总体分布，若要估计它的总体分布函数，可以采用经验分布函数。

经验分布函数是指根据样本构造的概率分布函数。设 $x_1$，…，$x_n$ 为一组样本，定义函数 $m(x)$ 表示样本中小于或者等于 $x$ 的样本个数，则该样本的经验分布函数为：

$$F_n^*(x)=\frac{m(x)}{n}$$

Q-Q 图：Q-Q 图是一种散点图，对应于正态分布的 Q-Q 图，就是以标准正态分布的分位数为横坐标、样本值为纵坐标的散点图。要利用 Q-Q 图鉴别样本数据是否近似于正态分布，只需看 Q-Q 图上的点是否近似地在一条直线附近，而且该直线的斜率为标准差，截距为均值。用 Q-Q 图还可获得样本偏度系数和峰度系数的粗略信息。

Q-Q 图可以用于检验数据的分布，所不同的是，Q-Q 图是用变量数据分布的分位数与所指定分布的分位数之间的关系曲线来进行检验的。

## 四、实验项目

某灯泡生产厂商测试某种新型灯泡的燃烧寿命，表 1-4 列出了 200 个灯泡样本的可使用小时数（数据见附录二二维码 1. 1. 1. txt）。

**表 1-4　200 个灯泡的使用寿命**　　单位：小时

| | | | | | | | | | |
|---|---|---|---|---|---|---|---|---|---|
| 107 | 73 | 68 | 97 | 76 | 79 | 94 | 59 | 98 | 57 |
| 79 | 98 | 63 | 65 | 66 | 62 | 79 | 86 | 68 | 74 |

续表

| | | | | | | | | | |
|---|---|---|---|---|---|---|---|---|---|
| 64 | 79 | 78 | 79 | 77 | 86 | 89 | 76 | 74 | 85 |
| 92 | 78 | 88 | 77 | 103 | 88 | 63 | 68 | 88 | 81 |
| 74 | 70 | 85 | 61 | 65 | 81 | 75 | 62 | 94 | 71 |
| 93 | 61 | 65 | 62 | 92 | 65 | 64 | 66 | 83 | 70 |
| 78 | 66 | 66 | 94 | 77 | 63 | 66 | 75 | 68 | 76 |
| 61 | 71 | 77 | 91 | 96 | 75 | 64 | 76 | 72 | 77 |
| 81 | 71 | 85 | 99 | 59 | 92 | 94 | 62 | 68 | 72 |
| 85 | 67 | 87 | 80 | 84 | 93 | 69 | 76 | 89 | 75 |
| 73 | 81 | 54 | 65 | 71 | 80 | 84 | 88 | 62 | 61 |
| 61 | 82 | 65 | 98 | 63 | 71 | 62 | 116 | 65 | 88 |
| 73 | 80 | 68 | 78 | 89 | 72 | 58 | 69 | 82 | 72 |
| 64 | 73 | 75 | 90 | 62 | 89 | 71 | 71 | 74 | 70 |
| 85 | 84 | 83 | 63 | 92 | 68 | 81 | 62 | 79 | 83 |
| 70 | 81 | 77 | 72 | 84 | 67 | 59 | 58 | 73 | 83 |
| 73 | 76 | 90 | 78 | 71 | 101 | 78 | 43 | 59 | 67 |
| 74 | 65 | 82 | 86 | 79 | 74 | 66 | 86 | 96 | 89 |
| 77 | 60 | 87 | 84 | 75 | 77 | 51 | 45 | 63 | 102 |
| 59 | 77 | 83 | 68 | 72 | 67 | 92 | 89 | 82 | 96 |

根据给定的样本数据绘出数据的直方图、经验分布图以及 Q-Q 图。

数据的读入可以参见实验一，这里不再重复。

R 软件中直方图的命令为 hist( )（具体可以参考 R 软件文档），如果不输入其他参数，则可以采取默认分组，例如：

R 代码

```
hist(x)
```

R 输出

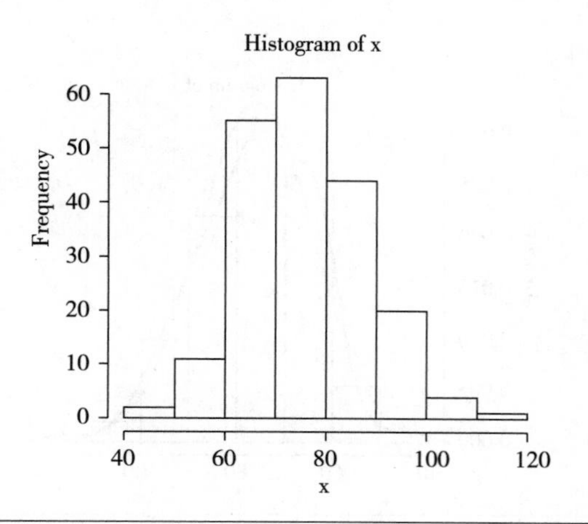

也可以指定分组、颜色等其他参数，例如：

R 代码

```
hist(x,breaks=15)
```

R 代码

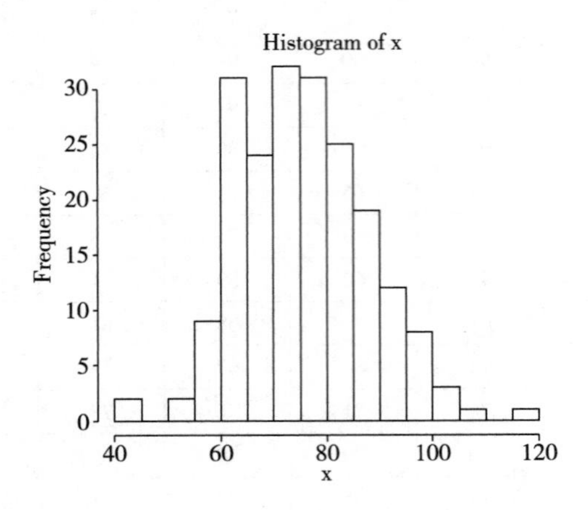


在本实验中，为了观察数据的分布特征，并判断数据是否来自正态总体，可以同时绘出直方图、密度估计曲线和正态分布的概率密度曲线进行比较。过程如下：

R 代码

```
hist(x,freq=FALSE)
lines(density(x),col="blue")
w<- min(x):max(x)
lines(w,dnorm(w,mean(x),sd(x)),col="red")
```

R 输出

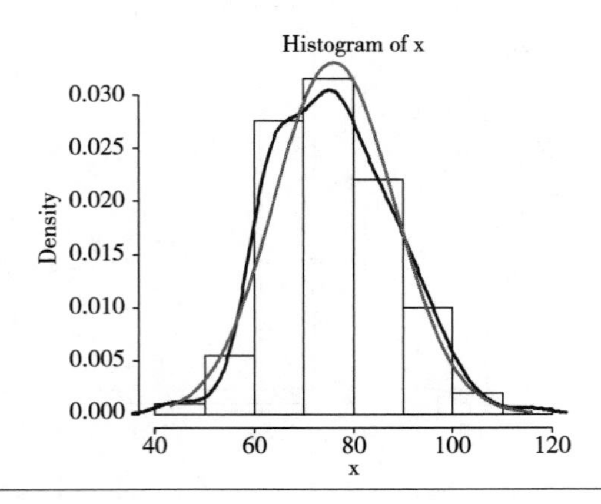

在这一实验中，我们同样可以通过绘出 200 个灯泡使用时间的经验分布图和相应的正态分布图来进行比较，以判断数据是否来自于正态总体，过程如下：

R 代码

```
plot(ecdf(x),verticals=TRUE,do.p=FALSE)
w<- min(x):max(x)
lines(w,pnorm(w,mean(x),sd(x)))
```

R 代码

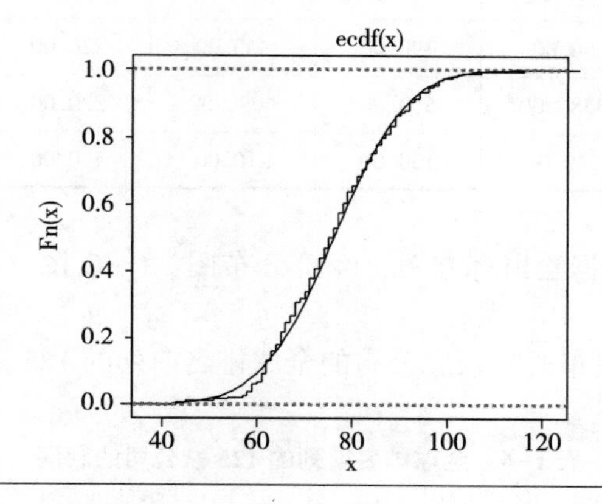


Q-Q 图同样可以用来判断数据的总体分布情况。绘出数据的正态 Q-Q 图和正态 Q-Q 曲线，判断样本是否来自正态总体，过程如下：

R 代码

```
qqnorm(x)
qqline(x)
```

R 输出

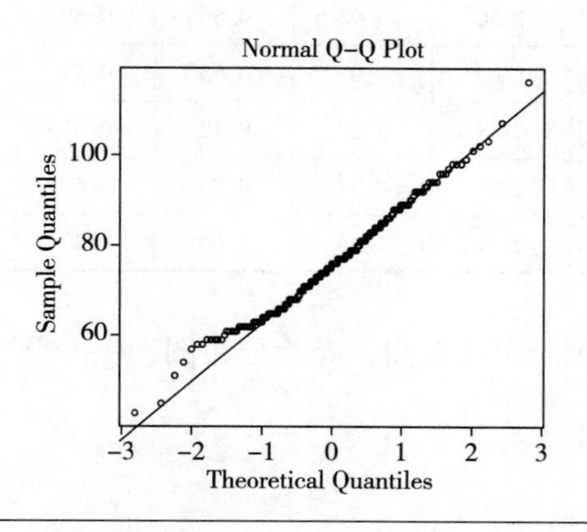

## 五、练习实验

（1）以下数据为非洲44个国家的人均收入：

表1-5　非洲44个国家的人均收入　　单位：美元

| | | | | | | | |
|---|---|---|---|---|---|---|---|
| 1890.00 | 640.00 | 660.00 | 320.00 | 290.00 | 1870.00 | 7480.00 | 290.00 |
| 740.00 | 1490.00 | 100.00 | 430.00 | 170.00 | 200.00 | 150.00 | 380.00 |
| 440.00 | 260.00 | 190.00 | 140.00 | 290.00 | 320.00 | 2780.00 | — |
| 3430.00 | 250.00 | 90.00 | 390.00 | 430.00 | 220.00 | 1350.00 | — |
| 300.00 | 450.00 | 3580.00 | 590.00 | 4090.00 | 320.00 | 310.00 | — |
| 100.00 | 640.00 | 310.00 | 130.00 | 210.00 | 550.00 | 240.00 | — |

请根据给定的样本数据绘出直方图、经验分布图、Q-Q图（数据详见附录二二维码1.1.2.txt）。

（2）以下数据为《福布斯》杂志公布的全球排名前列的125家公司的利润：

表1-6　全球排名前列的125家公司的利润　　单位：美元

| | | | | | | | | | |
|---|---|---|---|---|---|---|---|---|---|
| 10.93 | 4.08 | 1.46 | 0.91 | 0.73 | 0.84 | 0.86 | 0.56 | 0.42 | 0.30 |
| 8.75 | 2.77 | 1.02 | 1.36 | 0.67 | 0.54 | 0.39 | 0.41 | 0.39 | 0.41 |
| 5.89 | 2.78 | 1.61 | 0.88 | 1.08 | 0.47 | 0.49 | 0.32 | 0.22 | 0.28 |
| 12.43 | 2.77 | 1.49 | 1.13 | 0.59 | 0.43 | 0.46 | 0.41 | 0.30 | 0.34 |
| 4.54 | 2.31 | 2.43 | 1.54 | 1.14 | 0.52 | 0.28 | 0.43 | 0.35 | 0.25 |
| 3.54 | 1.83 | 0.87 | 0.63 | 0.44 | 0.51 | 0.81 | 0.42 | 0.27 | 0.24 |
| 1.80 | 1.68 | 1.07 | 0.73 | 0.84 | 1.11 | 0.28 | 0.45 | 0.38 | 0.26 |
| 3.30 | 3.67 | 2.85 | 1.90 | 0.52 | 0.37 | 0.31 | 0.37 | 0.27 | 0.23 |
| 5.09 | 3.23 | 0.91 | 1.36 | 0.93 | 0.55 | 0.39 | 0.23 | 0.15 | — |
| 2.46 | 0.55 | 0.93 | 1.03 | 1.07 | 0.55 | 0.47 | 0.33 | 0.33 | — |
| 3.34 | 1.48 | 1.77 | 0.34 | 0.29 | 0.42 | 0.25 | 0.39 | 0.31 | — |
| 3.55 | 1.58 | 0.87 | 1.08 | 0.34 | 0.75 | 0.60 | 0.20 | 0.24 | — |
| 2.63 | 1.53 | 0.91 | 0.91 | 1.26 | 1.00 | 0.42 | 0.43 | 0.16 | — |

请根据给定的样本数据绘出直方图、经验分布图、Q-Q图（数据详见附录二二维码1.1.3.txt）。

# 实验三　数据的茎叶图、盒子图以及五数总括

## 一、实验目的

掌握判断样本数据是否来自正态总体的方法；对于给定的样本数据，会通过 R 软件绘出样本数据的茎叶图、盒子图并能够计算五数总括。

## 二、实验内容

通过 R 软件绘出样本数据的茎叶图、箱线图，并计算五数总括。

## 三、准备知识

1. 茎叶图

茎叶图有三列数：左边的一列是统计数，是上（或下）向中心累积的值，中心的数（带括号）表示最多数组的个数；中间的一列表示茎，也就是变化不大的位数；右边的是数组中的变化位，是按照一定的间隔将数组中的每个变化的数一一列出来的，像一条枝上抽出的叶子一样，所以人们形象地称它为茎叶图。茎叶图是一个与直方图相类似的特殊工具，但又与直方图不同，茎叶图保留原始资料的资讯，直方图则失去原始资料的信息。将茎叶图的茎和叶逆时针旋转 90 度，实际上就是一个直方图，可以从中统计出次数，计算出各数据段的频率或百分比，从而可以看出样本数据的分布是否向正态分布或单峰偏态分布逼近。

2. 箱线图

箱线图（Boxplot）也称箱图、盒形图等，是利用数据中的五个统计量：最小值、第一四分位数、中位数、第三四分位数与最大值来描述数据的一种方法。箱线图可以粗略地表示出数据是否具有对称性、分布的分散程度等信息，特别是可以用于对几个样本的比较。

3. 五数总括

直方图、茎叶图虽然包含了大量的样本信息，但是没有做任何加工或简化。有时，我们需要用少数几个统计量来对大量的原始数据进行概括。而最有代表性的、能够反映数据重要特征的五个数为：中位数、下四分位数、上四分位数、最小值和最大值。这五个数称为样本数据的五数总括。

## 四、实验项目

某灯泡生产厂商测试某种新型灯泡的燃烧寿命，如下数据列出了 200 个灯泡样本的可使用小时数。

**表 1-7　200 个灯泡的使用寿命**　　单位：小时

| 107 | 73 | 68 | 97 | 76 | 79 | 94 | 59 | 98 | 57 |
|---|---|---|---|---|---|---|---|---|---|
| 79 | 98 | 63 | 65 | 66 | 62 | 79 | 86 | 68 | 74 |
| 64 | 79 | 78 | 79 | 77 | 86 | 89 | 76 | 74 | 85 |
| 92 | 78 | 88 | 77 | 103 | 88 | 63 | 68 | 88 | 81 |
| 74 | 70 | 85 | 61 | 65 | 81 | 75 | 62 | 94 | 71 |
| 93 | 61 | 65 | 62 | 92 | 65 | 64 | 66 | 83 | 70 |
| 78 | 66 | 66 | 94 | 77 | 63 | 66 | 75 | 68 | 76 |
| 61 | 71 | 77 | 91 | 96 | 75 | 64 | 76 | 72 | 77 |
| 81 | 71 | 85 | 99 | 59 | 92 | 94 | 62 | 68 | 72 |
| 85 | 67 | 87 | 80 | 84 | 93 | 69 | 76 | 89 | 75 |
| 73 | 81 | 54 | 65 | 71 | 80 | 84 | 88 | 62 | 61 |
| 61 | 82 | 65 | 98 | 63 | 71 | 62 | 116 | 65 | 88 |
| 73 | 80 | 68 | 78 | 89 | 72 | 58 | 69 | 82 | 72 |
| 64 | 73 | 75 | 90 | 62 | 89 | 71 | 71 | 74 | 70 |
| 85 | 84 | 83 | 63 | 92 | 68 | 81 | 62 | 79 | 83 |
| 70 | 81 | 77 | 72 | 84 | 67 | 59 | 58 | 73 | 83 |
| 73 | 76 | 90 | 78 | 71 | 101 | 78 | 43 | 59 | 67 |
| 74 | 65 | 82 | 86 | 79 | 74 | 66 | 86 | 96 | 89 |
| 77 | 60 | 87 | 84 | 75 | 77 | 51 | 45 | 63 | 102 |
| 59 | 77 | 83 | 68 | 72 | 67 | 92 | 89 | 82 | 96 |

根据给定的样本数据绘出数据的茎叶图、箱线图，并计算五数总括（数据详见附录二二维码 1. 1. 1. txt）。

在 R 软件中，茎叶图的绘制命令为 stem( )，过程如下：

R 代码

```
>stem(x)

The decimal point is 1 digit(s) to the right of the |

4 | 3
4 | 5
5 | 14
5 | 78899999
6 | 0111112222222333333334444
6 | 55555555666666677778888888899
7 | 0000111111112222223333333444444
7 | 5555556666667777777778888889999999
8 | 0001111111222233333344444
8 | 555556666778888899999
```

```
9 | 00122222334444
9 | 66678889
10 | 123
10 | 7
11 |
11 | 6
```

在 R 软件中，箱线图的绘制命令为 boxplot( )，输入这一命令后，可以得到箱线图，过程如下：

R 代码

```
boxplot(x)
```

R 输出

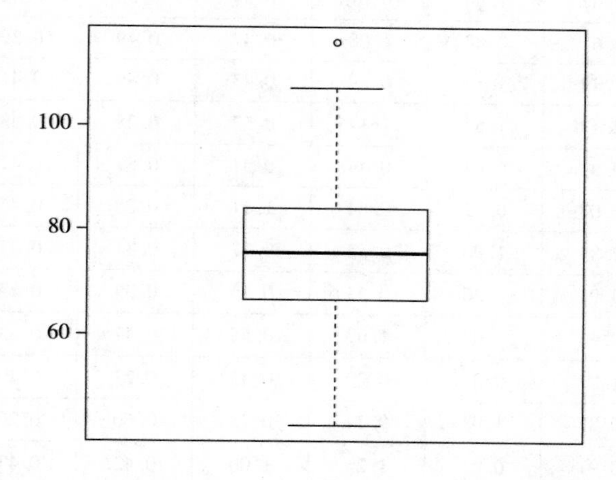


据此，我们可以绘出多个数据的箱线图，示例见本实验附录。

在 R 软件中，自带了计算五数总括的命令函数 fivenum( )，计算过程如下：

R 代码

```
>fivenum(x)
[1]  43.0  66.5  75.5  84.0  116.0
```

## 五、练习实验

（1）以下数据为非洲 44 个国家的人均收入：

**表 1-8　非洲 44 个国家的人均收入**　　单位：美元

| 1890.00 | 640.00 | 660.00 | 320.00 | 290.00 | 1870.00 | 7480.00 | 290.00 |
|---|---|---|---|---|---|---|---|
| 740.00 | 1490.00 | 100.00 | 430.00 | 170.00 | 200.00 | 150.00 | 380.00 |
| 440.00 | 260.00 | 190.00 | 140.00 | 290.00 | 320.00 | 2780.00 | — |
| 3430.00 | 250.00 | 90.00 | 390.00 | 430.00 | 220.00 | 1350.00 | — |
| 300.00 | 450.00 | 3580.00 | 590.00 | 4090.00 | 320.00 | 310.00 | — |
| 100.00 | 640.00 | 310.00 | 130.00 | 210.00 | 550.00 | 240.00 | — |

请根据给定的样本数据绘出数据的茎叶图、箱线图，并计算五数总括（数据详见附录二二维码 1.1.2.txt）。

（2）以下数据为《福布斯》杂志分布的全球排名前列的 125 家公司的利润：

**表 1-9　全球排名前列的 125 家公司的利润**　　单位：美元

| 10.93 | 4.08 | 1.46 | 0.91 | 0.73 | 0.84 | 0.86 | 0.56 | 0.42 | 0.30 |
|---|---|---|---|---|---|---|---|---|---|
| 8.75 | 2.77 | 1.02 | 1.36 | 0.67 | 0.54 | 0.39 | 0.41 | 0.39 | 0.41 |
| 5.89 | 2.78 | 1.61 | 0.88 | 1.08 | 0.47 | 0.49 | 0.32 | 0.22 | 0.28 |
| 12.43 | 2.77 | 1.49 | 1.13 | 0.59 | 0.43 | 0.46 | 0.41 | 0.30 | 0.34 |
| 4.54 | 2.31 | 2.43 | 1.54 | 1.14 | 0.52 | 0.28 | 0.43 | 0.35 | 0.25 |
| 3.54 | 1.83 | 0.87 | 0.63 | 0.44 | 0.51 | 0.81 | 0.42 | 0.27 | 0.24 |
| 1.80 | 1.68 | 1.07 | 0.73 | 0.84 | 1.11 | 0.28 | 0.45 | 0.38 | 0.26 |
| 3.30 | 3.67 | 2.85 | 1.90 | 0.52 | 0.37 | 0.31 | 0.37 | 0.27 | 0.23 |
| 5.09 | 3.23 | 0.91 | 1.36 | 0.93 | 0.55 | 0.39 | 0.23 | 0.15 | — |
| 2.46 | 0.55 | 0.93 | 1.03 | 1.07 | 0.55 | 0.47 | 0.33 | 0.33 | — |
| 3.34 | 1.48 | 1.77 | 0.34 | 0.29 | 0.42 | 0.25 | 0.39 | 0.31 | — |
| 3.55 | 1.58 | 0.87 | 1.08 | 0.34 | 0.75 | 0.60 | 0.20 | 0.24 | — |
| 2.63 | 1.53 | 0.91 | 0.91 | 1.26 | 1.00 | 0.42 | 0.43 | 0.16 | — |

请根据给定的样本数据绘出数据的茎叶图、箱线图，并计算五数总括（数据详见附录二二维码 1.1.3.txt）。

## 附录

```
A<- c(79.98,80.04,80.02,80.04,80.03,80.03,80.04,
79.97,80.05,80.03,80.02,80.00,80.02)
B<- c(80.02,79.94,79.98,79.97,79.97,80.03,79.95,
79.97)
boxplot(A,B,notch=T,names=c('A','B'),col=c(2,3))
```

# 第二章

# 单样本问题

对于给定的一组样本数据，我们常常希望能够推断总体分布的位置参数，也就是统计学中的参数估计、假设检验。但是在用传统的参数统计方法对位置参数进行推断时，常常需要假设总体是正态分布或接近正态分布，这一假定通常并不一定合理。如果假设是错误的，继续使用传统的参数方法就可能会犯错误。此外，对于一组数据，我们还希望发现数据是否存在某种趋势，或者想知道一下这些数据是不是完全随机的。所有这些问题不存在简单的参数方法，但是通过非参数统计方法我们可以轻松地解决。

# 实验一　符号检验

## 一、实验目的

掌握符号检验的非参数统计方法；学习如何利用 R 软件对单样本数据进行符号检验；基于符号检验计算总体中位数的置信区间；进一步熟悉 R 软件的操作。

## 二、实验内容

根据所提供的样本数据，采用 R 软件进行符号检验，并计算中位数的置信区间。

## 三、准备知识

符号检验是利用正号和负号的数目对假设做出判定的非参数方法。符号检验虽然是最简单的非参数检验，但它体现了非参数统计的一些基本思路。

用总体中位数 $M$ 来表示数据中间位置，这意味着对于任意的一个样本 $X_1$，…，$X_n$，样本点取大于 $M$ 的概率应该与取小于 $M$ 的概率相等。问题可以看作是只有两种可能的事件："成功"或"失败"。成功为"+"，即大于中位数 $M$；失败为"-"，即小于中位数 $M$。令 $S_+$表示符号为正的个数，$S_-$表示符号为负的个数，$S_+ + S_- = n$。

可知 $S_+$或 $S_-$均服从二项分布 $B(n,\ 0.5)$，则 $S_+$和 $S_-$可以用来作检验的统计量。

对于原假设为 $H_0$：$M=M_0$ 的检验，其备择假设的类型有以下三类：

$$H_1:\ M \neq M_0$$

$$H_1:\ M < M_0$$

$$H_1:\ M > M_0$$

对于左侧检验 $H_1$：$M<M_0$ 或右侧检验 $H_1$：$M>M_0$，在原假设为真的情况下，$S_+$或 $S_-$应该不大不小。当 $S_+$或 $S_-$过小，即只有少数的观测值大于或小于 $M_0$ 时，则 $M_0$ 可能太大或太小，目前给出的总体的中位数可能要偏小或偏大一些。检验统计量取 $S_+$和 $S_-$中较小的一个，令 $K=\min(S_+,\ S_-)$，则变量 $K$ 的分布为 $B(n,\ 0.5)$，检验的 $P$ 值为 $P(K \leqslant k/H_0)$。

对备择假设 $H_1$来说，双侧检验研究的是等于正的次数是否与等于负的次数有差异。检验的 $P$ 值为 $2P(K \leqslant k/H_0)$，如果 $2P(K \leqslant k/H_0)<\alpha$，则拒绝原假设。

为了得到中位数 $M$ 的 $100(1-\alpha)\%$置信区间（这里所说的置信区间的两个端点是用样本的观测点来表示的），把 $n$ 个样本点按从小到大的顺序排列：

$$X_{(1)} \leqslant X_{(2)} \leqslant \cdots \leqslant X_{(n)}$$

假设顺序统计量 $X_{(i)} < X_{(j)}$，由 $X_{(i)}$，$X_{(j)}$ 构成区间 $[x_{(i)},\ x_{(j)}]$ 作为中位数的置信区间。由于大于和小于中位数 $M$ 的样本点数服从 $B(n,\ 0.5)$，故有：

$$1-\alpha \leqslant p\{X_{(i)} \leqslant M \leqslant X_{(j)}\} = \sum_{k=i}^{j} C_n^k \left(\frac{1}{2}\right)^k \left(\frac{1}{2}\right)^{n-k} = \sum_{i=1}^{n} C_n^k \left(\frac{1}{2}\right)^n$$

由于得到的区域是以中位数为对称的，故：

$$1-\alpha \leqslant p\{X_{(k+1)} \leqslant M \leqslant X_{(n-k)}\} = 1-2p(K<k) = \sum_{i=0}^{k-1} C_n^k \left(\frac{1}{2}\right)^{n-1}$$

在 R 软件中也包含了可以直接用于中位数检验和二项分布检验与估计的函数 binom. test ( )，其使用方法为：

binom. test ( x, n, p = 0. 5, alternative = c ( "two. sided" , "less" , "greater" ) , conf. level = 0. 95 )

其中，x 为试验成功的次数，n 为试验总数，p 为原假设给出的每次试验成功的概率。

## 四、实验项目

下表是世界上 71 个大城市的生活花费指数（按列递减排序，其中北京的指数为 99. 1）：

表 2-1　世界上 71 个大城市的生活花费指数　　单位：%

| | | | | | | | | | | |
|---|---|---|---|---|---|---|---|---|---|---|
| 122. 4 | 99. 3 | 90. 8 | 82. 6 | 76. 6 | 67. 7 | 64. 6 | 55 | 46 | 36. 5 | 27. 8 |
| 109. 4 | 99. 1 | 90. 3 | 81 | 76. 2 | 66. 7 | 63. 5 | 54. 9 | 45. 8 | 36. 4 | — |
| 105 | 98. 2 | 89. 5 | 80. 9 | 74. 5 | 66. 2 | 62. 7 | 52. 7 | 45. 2 | 32. 7 | — |
| 104. 6 | 97. 5 | 89. 4 | 79. 1 | 74. 3 | 65. 4 | 60. 8 | 51. 8 | 41. 9 | 32. 7 | — |
| 104. 1 | 95. 2 | 86. 4 | 77. 9 | 73. 9 | 65. 3 | 58. 2 | 49. 9 | 38. 8 | 32. 2 | — |
| 100. 6 | 92. 8 | 86. 2 | 77. 7 | 71. 7 | 65. 3 | 55. 5 | 48. 2 | 37. 7 | 29. 1 | — |
| 100 | 91. 8 | 85. 7 | 76. 8 | 71. 2 | 65. 3 | 55. 3 | 47. 6 | 37. 5 | 27. 8 | — |

请检验北京的指数是在中位数之上还是中位数之下（数据详见附录二二维码 2. 1. 1. txt）。

我们可以先对数据的分布进行描述性统计分析，观察数据的分布特征。假定数据的存储路径为：D：/data/2. 1. 1，读入数据，并将数据转换为行向量。在 R 软件中执行代码：

R 代码
```
z= read.table("D:/data/2.1.1.txt")
y=t(x);y
```

为了进一步观察数据的特征，了解数据的分布形式，可以绘出样本数据的直方图、核密度估计图，并与正态分布的核密度图进行对照比较。

绘制数据的直方图以及核密度估计图：

R 代码
```
hist(y,freq=FALSE)
lines(density(y),col="blue")
```

R 输出

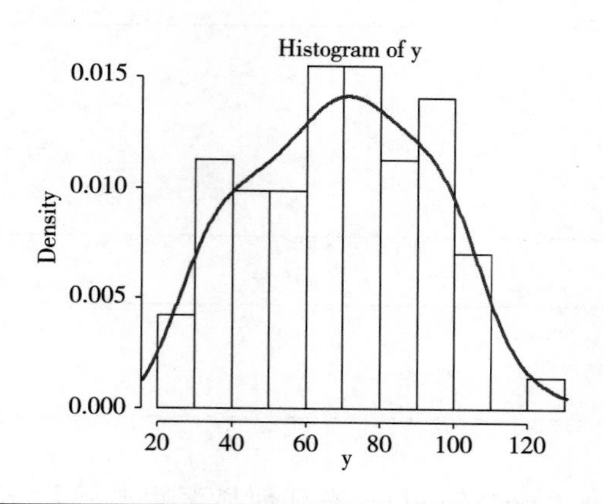


绘制正态分布的核密度图：

R 代码

```
w<-20:125;
lines(w,dnorm(w,mean(y),sd(y)),col="red");
```

R 输出

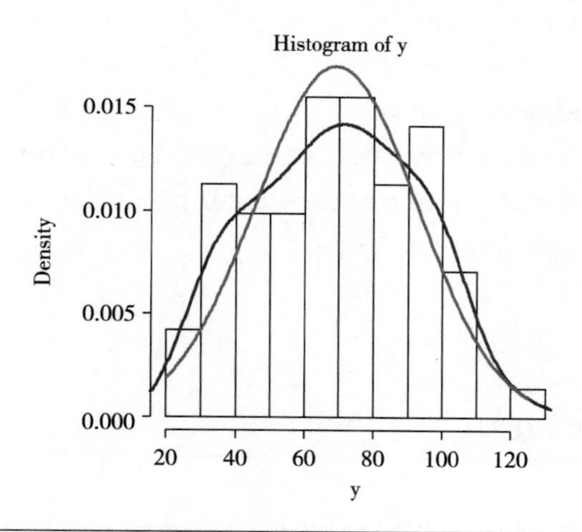


通过对数据的直方图、核密度估计图以及正态分布的核密度图进行比较，可以发现数据的分布特征相较于正态分布更加扁平。为了检验该问题，我们可以通过二项分布进行中位数检验。

选择假设形式：

$$H_0: M=99.1 \Leftrightarrow H_1: M<99.1$$

计算检验统计量以及对应的 $P$ 值：

执行中位数检验：

R 代码
```
s1=sum(y<99)
s2=sum(y>99)
pbinom(s2,71,0.5)
```

R 输出
```
[1] 3.66766e-11
```

输出结果显示 $P$ 值为 3.66766e-11，在任何显著性水平大于 3.66766e-11 的条件下，都可以拒绝原假设，认为北京的生活花费指数是在中位数之上。

也可以利用 R 软件中提供的函数 binom.test( ) 直接进行中位数检验：

R 代码
```
binom.test(sum(y>99),length(y),al="l")
```

R 输出
```
         Exact binomial test


data:  sum(y >99) and length(y)
number of successes=9,number of trials=71,p-value=3.668e-11
alternative hypothesis:true probability of success is less than 0.5
95 percent confidence interval:
0.0000000 0.2107763
sample estimates:
probability of success
                  0.1267606
```

其中，中位数的置信区间，可以通过编写一个简单的 R 函数求得，见本实验附录。

## 五、练习实验

（1）某企业生产一种钢管，规定长度的中位数是 10 米，现随机地从正在生产的生产线上选取 12 根进行测量，结果分别为：9.8、10.1、9.7、9.9、9.8、10.0、9.9、9.8、9.7、10.0、9.4、8.9。请问该生产线是否需要调整？（数据详见附录二二维码 2.1.2.txt）

（2）我国国有经济 15 个行业的 1996 年职工平均工资（单位：元）按从小到大的次序

排列为4038、4940、5798、6161、6344、6610、6695、6709、6967、6992、7897、7987、8546、8679、8701。求中位数的置信区间（数据详见附录二二维码2.1.3.txt）。

## 附录

```
mci<-function(x,alpha=0.05){
  n=length(x);
  b=0;
  i=0;
  while(b<=alpha/2&i<=floor(n/2)){
        b=pbinom(i,n,.5);
        k1=i;
        k2=n-i+1;
        a=2*pbinom(k1-1,n,.5);
        i=1+1}
  z=c(k1,k2,a,1-a);
  z2="Entire range!";
  if (k1>=1)out=list(Confidence.level=1-a,CI=c(x[k1],x[k2]))
  else out=list(Confidence.level=1-2*pbinom(0,n,.5),CI=z2)
out}
```

# 实验二　Wilcoxon 符号秩检验

## 一、实验目的

掌握Wilcoxon符号秩检验的统计方法；学习如何利用R软件对单样本数据进行Wilcoxon符号秩检验；基于Wilcoxon符号秩检验计算总体中位数的置信区间。

## 二、实验内容

根据所提供的样本数据，采用R软件，进行Wilcoxon符号秩检验，并计算中位数的置信区间。

## 三、准备知识

Wilcoxon符号秩检验是检验关于中位数对称的总体的中位数是否等于某个特定值，是符号检验的一种改进，不仅利用了观测值与中心位置之差的符号，还同时利用了这些差值的大小所包含的信息。

Wilcoxon 符号秩检验的假设同样包括以下三种形式：

$$H_0: M=M_0 \Leftrightarrow H_1: M \neq M_0$$

$$H_0: M=M_0 \Leftrightarrow H_1: M>M_0$$

$$H_0: M=M_0 \Leftrightarrow H_1: M<M_0$$

为了对上述假设作出判定，需要从某一连续对称分布总体中随机抽取一个样本$x_1$，$x_2$，…，$x_n$。它们与 $M_0$ 的差值记为 $D_i$，$D_i=x_i-M_0(i=1, 2, \cdots, n)$。如果 $H_0$ 为真，那么观察值围绕 $M_0$ 分布，即关于 0 对称分布。

这时，对于 $D_i$ 来说，正的差值和负的差值应近似地相等。为了借助等级大小作判定，先忽略 $D_i$ 的符号，而取绝对值 $|D_i|$，对 $|D_i|$ 按大小顺序分等级。再按 $D_i$ 本身符号的正、负分别加总它们的等级即秩次，得到正等级的总和 $T_+$与负等级的总和 $T_-$。虽然等级本身都是正的，但这里是按 $D_i$ 的符号计算的等级和。

当原假设 $H_0$ 为真时，正等级的总和与负等级的总和应该近似相等。如果正等级的总和远远大于负等级的总和，表明大部分大的等级是正的差值，即 $D_i$ 为正的等级大。这时，数据支持备择假设 $H_1$：$M>M_0$，即实际的中位数比 $M_0$大。类似地，如果负等级的总和远远大于正等级的总和，表明大部分大的等级是负的差值，即 $D_i$ 为负的等级大。此时，数据支持备择假设 $H_1$：$M<M_0$，即实际的中位数比 $M_0$ 小。因为正等级和负等级的总和是个恒定的值，即 $1+2+\cdots+n=n(n+1)/2$，因此对于双侧备择假设 $H_1$：$M \neq M_0$ 来说，两个总和中无论哪一个太大，都可以被支持。

Wilcoxon 符号秩检验所定义的检验统计量为：

正等级的总和即正秩次总和 $T_+$；

负等级的总和即负秩次总和 $T_-$。

Wilcoxon 符号秩检验的具体步骤如下：

（1）计算 $|X_i - M_0|$，它们代表这些样本点到 $M_0$ 的距离。

（2）把上面的 $n$ 个绝对值排序，并找出它们的 $n$ 个秩；如果有相同的样本点，每个点取平均秩（如 1，4，4，5 的秩为 1，2.5，2.5，4）。

（3）令 $T_+$等于 $X_i-M_0>0$ 的 $|X_i-M_0|$ 的秩和；$T_-$等于 $X_i-M_0<0$ 的 $|X_i-M_0|$ 的秩和。注意：$T_++T_-=n(n+1)/2$。

（4）对双边检验：$H_0$：$M = M_0 \Leftrightarrow H_1$：$M \neq M_0$，在原假设下，$T_+$与 $T_-$应差不多。因而，当其中之一非常小时，应怀疑零假设；原此时，取检验统计量 $T=\min(T_+, T_-)$。类似地，对 $H_0$：$M=M_0 \Leftrightarrow H_1$：$M>M_0$，取 $T=T_-$；对 $H_0$：$M=M_0 \Leftrightarrow H_1$：$M<M_0$，取 $T=T_+$。

（5）根据得到的 $T$ 值，通过计算软件以得到在原假设下的 $P$ 值。

（6）若 $P$ 值较小（比如小于或等于给定的显著性水平 0.05），则可以拒绝原假设。

表 2-2　Wilcoxon 符号秩检验表

| 假设 | 检验的统计量 | P 值 |
|---|---|---|
| $H_0$: $M = M_0 \Leftrightarrow H_1$: $M \neq M_0$ | $T = \min(T_+, T_-)$ | $2P(T < t)$ |
| $H_0$: $M = M_0 \Leftrightarrow H_1$: $M > M_0$ | $T = \min(T_+, T_-)$ | $P(T < t)$ |
| $H_0$: $M = M_0 \Leftrightarrow H_1$: $M < M_0$ | $T = \min(T_+, T_-)$ | $P(T < t)$ |

特别地，当样本容量很大时，可借助正态分布近似，利用线性符号秩的概念有：

$$T_+ = \sum_{i=1}^{n} R_i I(X_i - M > 0)$$

$$T_- = \sum_{i=1}^{n} R_i I(X_i - M < 0)$$

$$E(T_+) = \sum_{i=1}^{n} E[R_i I(X_i - M > 0)] = \frac{1}{2}\sum_{i=1}^{n} i = \frac{n(n+1)}{4}$$

$$Var(T_+) = \sum_{i=1}^{n} Var[R_i I(X_i - M > 0)] = \sum_{i=1}^{n} i^2 \frac{1}{4} = \frac{n(n+1)(2n+1)}{24}$$

同理：$E(T_-) = n(n+1)/4$；$D(T_-) = n(n+1)(2n+1)/24$。

于是可得统计量为：

$$Z = \frac{T \pm 0.5 - n(n+1)/4}{\sqrt{n(n+1)(2n+1)/24}} \sim N(0, 1)$$

其中，$T = \min(T_+, T_-)$。

当样本数据中存在打结情况时，如果结多，零分布的大样本公式就不准确了。因此，在公式中往往要做修正，修正后的统计量为：

$$Z = \frac{T - n(n+1)/4}{\sqrt{n(n+1)(2n+1)/24 - \sum_{i=1}^{g}[\tau_i^3 - \tau_i]/48}} \sim N(0, 1)$$

这里用 $\tau_i$ 表示第 $i$ 个结的相同观测值的个数，用 $g$ 表示结的个数。

要估计有 $n$ 个值的样本的对称中心，可以直接利用该样本的中位数。但是为了利用更多的信息，可求每两个数的平均值 $(X_i+X_j)/2$，$i \leqslant j$（一共有 $n(n+1)/2$ 个）来扩大样本数目。这样的平均称为 Walsh 平均。

在原假设 $H_0$：$\theta=\theta_0$ 成立的条件下有：

$$W^+(\theta_0) = \#\left\{\frac{X_i+X_j}{2} > \theta_0,\ i \leqslant j\right\}$$

特别地，当原假设 $H_0$：$\theta=0$ 成立时，有：

$$W^+ = \#\left\{\frac{X_i+X_j}{2} > 0,\ i \leqslant j\right\}$$

利用 Walsh 平均可以得到对称中心 $\theta$ 的点估计，即可由 Walsh 平均的中位数来估计对称中心，称之为 Hodge-Lehmann 估计量：

$$\hat{\theta} = median\left\{\frac{X_i + X_j}{2},\ i \leq j\right\}$$

利用 Walsh 平均还可以进一步得到 $\theta_0$ 的 $100(1-\alpha)\%$ 置信区间。先求出满足下面两式的整数 $k$，即 $k$ 使得

$$P(W^+ \leq k) \leq \alpha/2,\ P(W^+ \geq n-k) \leq \alpha/2$$

进一步地，将求出的 Walsh 平均数按升幂排列，记为 $W_{(1)}$，…，$W_{(N)}$，$N=n(n+1)/2$，则 $\theta_0$ 的 $100(1-\alpha)\%$置信区间为 $[W_{(k+1)},\ W_{(N-k)}]$。

R 软件提供了可以直接用于中位数检验的二项分布检验与估计的函数 wilcox. test( )，其使用方法为：

wilcox. test(x,y=NULL,alternative=c("two. sided","less","greater"),mu=0,paired=FALSE,exact=NULL,correct=TRUE,conf. int=FALSE,conf. level=0. 95,…)

其中，x，y 是观测数据构成的数据向量，alternative 是备择假设，有单侧检验和双侧检验。mu 是待检验参数，如中位数 $M_0$。paired 是逻辑变量，说明变量 x，y 是否为成对数据。exact 是逻辑变量，说明是否计算精确 $P$ 值，当样本量较小时，此参数起作用，当样本量大时，软件采用正态分布近似计算 $P$ 值。correct 是逻辑变量，说明是否对 $P$ 值计算采用连续性修正。conf. int 是逻辑变量，说明是否给出相应的置信区间。

## 四、实验项目

在某一地区，人们测量得到某种类的成年猴子的平均体重为 8. 41kg，而在另一地区人们观测得到此种成年猴的体重如表 2-3 所示：

**表 2-3　成年猴的体重**　　单位：kg

| | | | | | | | |
|---|---|---|---|---|---|---|---|
| 8. 30 | 9. 50 | 9. 60 | 8. 75 | 8. 40 | 9. 10 | 9. 25 | 9. 80 |
| 10. 05 | 8. 15 | 10. 00 | 9. 60 | 9. 80 | 9. 20 | 9. 30 | — |

根据这组数据，检验我们能否说这组猴子的中位数大于 8. 41kg，并给出中位数的置信区间（数据详见附录二二维码 2. 2. 1. txt）。

该组数据样本量为 15，属于小样本，在不知道确切的总体分布的情况下，如果通过 $t$ 检验统计量进行检验，可能会存在风险。为此我们可以先观察样本数据的分布特征，进而选择合适的检验统计量。

首先，假定数据的存储路径为 D：/data/2. 2. 1，并在 R 软件中执行如下代码：

```
R代码
X<- read.table("D:/data/2.2.1.txt")
y=t(x);y
```

其次，绘出样本数据的直方图、核密度估计图，并与正态分布的核密度图进行对照比较，观察样本数据的分布特征。

绘出直方图与核密度估计图：

R 代码

```
hist(y,freq=FALSE)
lines(density(y),col="blue")
```

R 输出

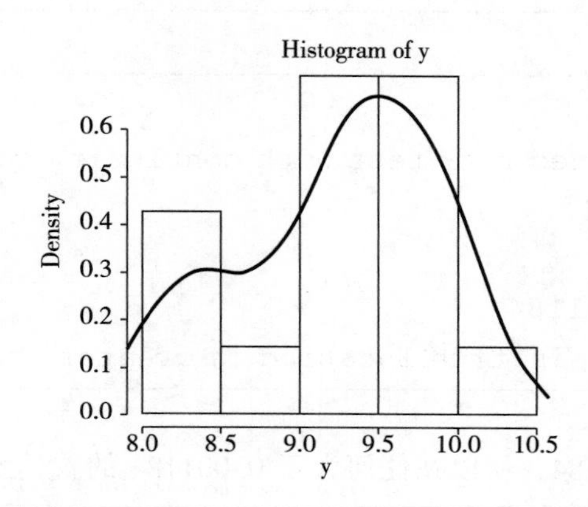


绘出正态分布的核密度图：

R 代码

```
w<-8:11;
lines(w,dnorm(w,mean(y),sd(y)),col="red")
```

R 输出

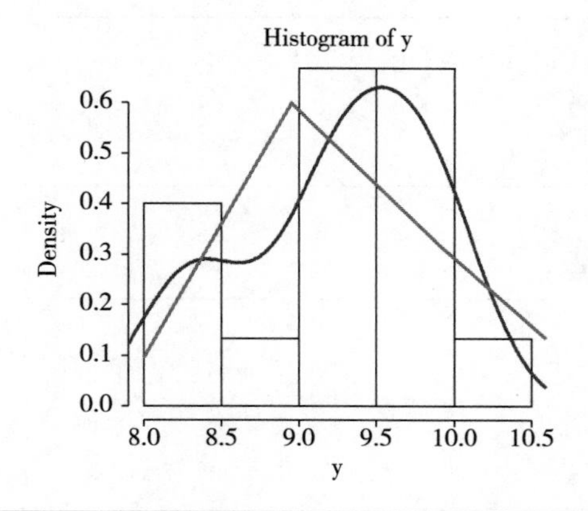


最后，根据上述的描述性统计分析，可以看出数据的分布特征与正态分布存在较大差

异，为了使估计结果更加稳健，可以选择非参数统计方法进行检验。选择假设检验的形式为：

$$H_0: M=M_0 \Leftrightarrow H_1: M>M_0$$

利用 R 软件提供的 Wilcox 检验函数 wilcox. test( ) 对数据直接进行检验。

执行 wilcox. test( )：

R 代码
```
wilcox.test(y-8.41,alt="greater")
```

R 输出
```
        Wilcoxon signed rank test with continuity correction


data:  y - 8.41
V=114,p-value=0.001184
alternative hypothesis:true location is greater than 0
```

得到的 $P$ 值为 0.001184，所以在任何大于 0.001184 的置信水平下都有理由拒绝原假设，认为这组猴子的中位数大于 8.41kg。

在 R 软件中，基于 Wilcoxon 符号秩检验的中位数置信区间可以通过以下命令求解。

求 walsh 平均：

R 代码
```
walsh=NULL;
for(i in 1:15) for(j in 1:15)walsh=c(walsh,(y[i]+y[j])/2);
walsh=sort(walsh);
```

R 输出
```
>qsignrank(0.025,15)
[1] 26
```

求置信区间两侧的端点：

R 输出
```
>walsh[27]
[1] 8.75
>walsh[199]
[1] 9.75
```

进而，可得这组猴子体重的中位数的置信区间为［8.75，9.75］。

## 五、练习实验

（1）下面是世界上 71 个大城市的生活花费指数（按列递减排序，其中北京的指数为 99.1）：

表 2-4　世界上 71 个大城市的生活花费指数　　单位：%

| | | | | | | | | | | |
|---|---|---|---|---|---|---|---|---|---|---|
| 122.4 | 99.3 | 90.8 | 82.6 | 76.6 | 67.7 | 64.6 | 55 | 46 | 36.5 | 27.8 |
| 109.4 | 99.1 | 90.3 | 81 | 76.2 | 66.7 | 63.5 | 54.9 | 45.8 | 36.4 | — |
| 105 | 98.2 | 89.5 | 80.9 | 74.5 | 66.2 | 62.7 | 52.7 | 45.2 | 32.7 | — |
| 104.6 | 97.5 | 89.4 | 79.1 | 74.3 | 65.4 | 60.8 | 51.8 | 41.9 | 32.7 | — |
| 104.1 | 95.2 | 86.4 | 77.9 | 73.9 | 65.3 | 58.2 | 49.9 | 38.8 | 32.2 | — |
| 100.6 | 92.8 | 86.2 | 77.7 | 71.7 | 65.3 | 55.5 | 48.2 | 37.7 | 29.1 | — |
| 100 | 91.8 | 85.7 | 76.8 | 71.2 | 65.3 | 55.3 | 47.6 | 37.5 | 27.8 | — |

检验北京的指数是在中位数之上还是在中位数之下（数据详见附录二二维码 2.1.1.txt）。

（2）某篮球队 15 名队员的体重记录如下：

表 2-5　15 名篮球队队员体重　　单位：kg

| | | | | | | | |
|---|---|---|---|---|---|---|---|
| 188.0 | 211.2 | 170.8 | 212.4 | 156.9 | 223.1 | 235.9 | 183.9 |
| 214.4 | 221.0 | 162.0 | 220.8 | 174.1 | 210.3 | 195.2 | — |

试用 Wilcoxon 符号秩检验来检验该队队员平均体重是否为 163.5kg，并给出该队队员的中位数的置信区间（数据详见附录二二维码 2.2.2.txt）。

# 实验三　Cox-Stuart 趋势检验

## 一、实验目的

掌握 Cox-Stuart 趋势检验统计方法；学习如何利用 R 软件对单样本数据进行 Cox-Stuart 趋势检验。

## 二、实验内容

根据所提供的样本数据，采用 R 软件进行 Cox-Stuart 趋势检验。

## 三、准备知识

给定一组数据后，如何看其发展趋势呢？最常见的参数方法是用线性回归拟合一条直线，看其是否是单调上升或下降。然而单调的趋势未必都是线性的，也不一定都能通过一个显函数来表达。为了解决这一问题，Cox 和 Stuart 于 1955 年提出了基于符号检验的非参数检验方法，即 Cox-Stuart 趋势检验。

Cox-Stuart 趋势检验的基本原理就是把每一个观察值和相隔大约 $n/2$ 的另一个观察值配对比较，然后用看得到的大约 $n/2$ 的数对中，增长的对子和减少的数对各有多少来判断总的趋势。

Cox-Stuart 趋势检验同样有以下三种检验形式：

$$H_0\text{：无增长趋势}\Leftrightarrow H_1\text{：有增长趋势}$$

$$H_0\text{：无减少趋势}\Leftrightarrow H_1\text{：有减少趋势}$$

$$H_0\text{：无趋势}\Leftrightarrow H_1\text{：有增长或减少趋势}$$

在形式上，该检验问题可以重新叙述为：假定独立观察值 $x_1$，$x_2$，…，$x_n$ 均来自分布为 $F(x, \theta_i)$ 的总体，这里 $F(\cdot)$ 对称于零点。上面双边检验为 $H_0$：$\theta_1=\cdots=\theta_n \Leftrightarrow H_1$：$\theta_i$ 不全相等。

Cox-Stuart 趋势检验的具体做法是取 $x_i$ 和 $x_{i+c}$ 组成一对（$x_i$，$x_{i+c}$），这里：

$$c=\begin{cases} n/2 & \text{如果 } n \text{ 是偶数} \\ (n+1)/2 & \text{如果 } n \text{ 是奇数} \end{cases}$$

进而用每一数对的两元素差 $D_i=x_i-x_{i+c}$ 的符号来衡量增减。令 $S_+$ 为正的 $D_i$ 的数目，而令 $S_-$ 为负的 $D_i$ 的数目。显然当正号太多时，即 $S_+$ 很大时（或 $S_-$ 很小时），有下降趋势；反之，则有增长趋势。在没有趋势的原假设下，$S_+$ 与 $S_-$ 们应服从二项分布 $b$（$c$，0.5），这里 $c$ 为数对的数目（不包含差为 0 的数对）。类似于符号检验，对于上面的三种假设，分别取检验统计量 $K=S_+$，$K=S_-$ 和 $K=\min(S_+, S_-)$，则 $P(K\leqslant k)$ 和 $P$ 值的计算与符号检验完全类似。

当 $N$ 足够大，即 $n\to\infty$，$m/n\to\gamma$ 时，在原假设下，有：

$$Z=\frac{U+0.5-1-2mn/N}{\sqrt{2mn(2mn-N)/N^2(N-1)}}\sim N(0, 1)$$

于是可以借助正态分布近似得到 $P$ 值和检验结果 。

表 2-6 Cox-Stuart 趋势检验表

| 假设 | 检验的统计量 | $P$ 值 |
| --- | --- | --- |
| $H_0$：无增长趋势⇔$H_1$：有增长趋势 | $K=S_+$ | $P(K\leqslant k)$ |
| $H_0$：无减少趋势⇔$H_1$：有减少趋势 | $K=S_-$ | $P(K\leqslant k)$ |
| $H_0$：无趋势⇔$H_1$：有增长或减少趋势 | $K=\min(S_+, S_-)$ | $2P(K\leqslant k)$ |

# 四、实验项目

以下为我国 1985~1996 年出口和进口的差额（balance）：

表 2-7 1985~1996 年出口和进口的差额　　单位：亿美元

| | | | | | |
| --- | --- | --- | --- | --- | --- |
| -149.0 | 119.7 | 37.7 | 77.5 | -66.0 | 87.4 |
| 80.5 | 43.5 | 122.2 | 54.0 | 167.0 | 122.2 |

以上数据能否说明这个差额总的趋势是增长的（数据详见附录二二维码 2.3.1.txt）？

为了对该问题进行检验，首先需要读入数据，由于数据不是以时间序列格式存储的，需要将数据转化为时间序列格式。在 R 软件中执行代码：

R 代码

```
x<-read.table("D:/data/2.3.1.txt");
y=ts(x,start=c(1985))
```

R 输出

```
>y
Time Series:
Start=1985
End=1996
Frequency=1
   V1
[1]-149.0
[2]119.7
[3]37.7
[4]77.5
[5]-66.0
[6]87.4
```

```
[7]80.5
[8]43.5
[9]122.2
[10]54.0
[11]167.0
[12]122.2
```

进一步绘制数据的折线图，观察数据的分布特征。

绘出数据的折线图：

R 代码
```
lines(y)
```

R 输出

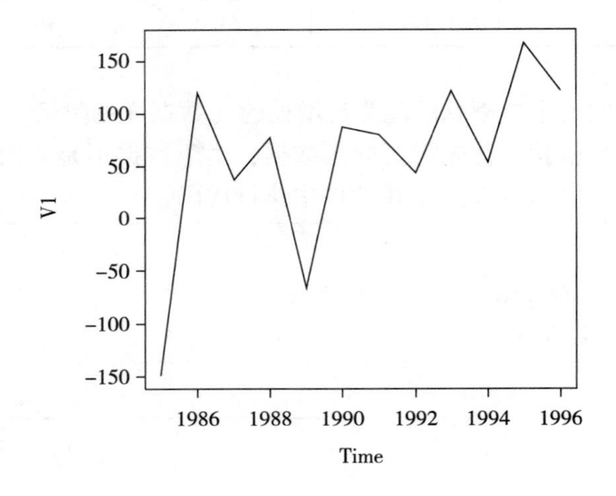


根据数据的分布特征可以看出，数据可能具有一定的上升趋势，但是并不明显。因而选择假设检验形式：

$$H_0\text{：无增长趋势} \Leftrightarrow H_1\text{：有增长趋势}$$

进一步我们可以通过二项分布计算检验统计量及其 $P$ 值。

计算检验统计量：

R 代码
```
d=y[1:6]-y[7:12];
s1=sum(sign(d)==1)
s2=sum(sign(d)==-1)
```

```
R 输出
>s1
[1] 2
>s2
[1] 4
```

执行趋势检验：

```
R 代码
>pbinom(2,6,.5)
[1] 0.34375
```

根据计算的结果可知，$P$ 值为 0.34375，所以在任何显著性水平大于 $P$ 值的情况下，都可以拒绝原假设，认为差额总的趋势是增长的。

## 五、练习实验

某一机床加工某种零件的标准尺寸应该是 12cm，先后度量 20 个加工后的零件，得到如下尺寸：

11.9 10.8 13.3 12.3 12 12.5 13.6 11.4 13.9 11.3 11.5 13.7 14.2 11.26 14.8 11.8 12.8 12.9 13.1 12.7

请问零件尺寸有没有增加的趋势？（数据详见附录二二维码 2.3.2.txt）

# 实验四 游程检验

## 一、实验目的

掌握游程检验的非参数统计方法；学习如何利用 R 软件对单样本数据进行游程检验。

## 二、实验内容

根据所提供的样本数据，采用 R 软件，进行游程检验。

## 三、准备知识

游程检验亦称连贯检验或串检验，是一种随机性检验方法，应用范围很广。游程是指在一个二元 0-1 序列里，一个由 0 或 1 连续构成的串；而游程长度是一个游程里数据的个数。一个序列里游程个数用 $R$ 表示。

在固定样本量的前提下，得出结果，如果 0 或 1 序列是一系列 Bernoulli 试验的结果，这一试验是随机的，则不太可能出现许多 0 或 1 连在一起，也不可能 0 和 1 太频繁地交替出现。若 0 和 1 比较集中，说明游程个数过少，序列存在成群的倾向；若 0 和 1 交替出现频繁，说明游程个数过多，周期特征明显，序列具有混合倾向。

设 $X_1$，…，$X_n$ 是一列由 0 或 1 构成的序列。游程检验的假设问题可以表述为：

$H_0$：样本出现顺序随机⇔$H_1$：样本出现顺序不随机

如果关心的是序列是否具有某种倾向，也可以建立单侧假设检验，$H_0$ 不变，$H_1$ 可变为序列具有混合倾向或序列具有成群倾向。

游程检验是取游程里的游程总数作为检验统计量的。设样本总数为 $N$，其中 0 的个数为 $m$，1 的个数为 $n$，即 $m+n=N$。在 $H_0$成立的条件下，出现多少 0 和 1，出现多少游程都与概率 $P$ 有关，但在已知 $m$ 和 $n$ 时，$R$ 的条件分布就与 $p$ 无关了。在原假设 $H_0$成立的条件下，$X_i \sim B(N, p)$，则在有 $m$ 个 0 和 $n$ 个 1 的条件下，$R$ 的条件分布为：

$$P(R=2k)=\frac{2\binom{m-1}{k-1}\binom{n-1}{k-1}}{\binom{N}{n}}$$

$$P(R=2k+1)=\frac{\binom{m-1}{k-1}\binom{n-1}{k}+\binom{m-1}{k}\binom{n-1}{k-1}}{\binom{N}{n}}$$

根据以上公式，就可以计算出在 $H_0$ 成立时 $P(R \geqslant r)$ 或 $P(R \leqslant r)$ 的值了，也就可以做检验了。例如考虑双边假设检验，给定水平 $\alpha$，设 $r$ 是由样本算出来的检验统计量的值，则 $P$ 值 $=2\min\{P(R \geqslant r),\ P(R \leqslant r)\}$。

游程检验的过程可以总结在下表中：

**表 2-8　游程检验过程**

| 原假设：$H_0$ | 备择假设：$H_1$ | 检验统计量（$K$） | $P$ 值 |
|---|---|---|---|
| $H_0$：有随机性 | $H_0$：无随机性（有聚类倾向） | 游程 $R$ | $P(\lvert K \rvert \leqslant k)$ |

R 软件提供了直接进行游程检验的函数 runs. test( )。其使用方法为：

runs. test(x, alternative=c("two. sided", "less", "greater"))

其中，x 是只取两个值的因子变量，alternative 指定了检验的类型。需要注意的是，这里调用 runs. test( ) 函数需要加载软件包 tseries（需要软件包 quadprog 和 zoo 的支持）。

## 四、实验项目

从生产线上抽取产品检验，是否应采用频繁抽取小样本的方法？在一个刚刚建成的制造厂内，质检员需要设计一种抽样方法，以保证质量检验的可靠性。生产线上抽取的产品可以分成两类：有瑕疵、无瑕疵。检验费用与受检产品数量有关。一般情况下，有瑕疵的产品如果是成群出现的，则要频繁抽取小样本进行检验；如果有瑕疵的产品是随机产生的，则每天间隔较长时间抽取一个大样本。现随机抽取30件产品，按生产线抽取的顺序排列：

0 0 0 0 1 1 1 1 1 1 1 1 1 1 1 1 1 1 0 0 0 1 1 1 1 1 1 1 0 0

检验有瑕疵的产品是随机出现的吗？

对于该数据，我们选择假设检验的形式：

$$H_0\text{：样本出现顺序随机} \Leftrightarrow H_1\text{：样本出现顺序不随机}$$

读入数据，直接调用 runs. test( ) 进行游程检验就可以得到检验的结果。在R软件中执行代码：

R代码
```
x<-c(0,0,0,0,1,1,1,1,1,1,1,1,1,1,1,1,1,1,0,0,0,1,1,1,1,1,1,1,0,0)
y=factor(x)
runs.test(y)
```

R输出
```
>runs.test(y)

   Runs Test

data:  y
Standard Normal=-3.8307,p-value=0.0001278
alternative hypothesis:two.sided
```

检验的 $P$ 值为0.0001278，所以在显著性水平大于0.0001278的情形下，都可以拒绝原假设，认为样本出现顺序不随机。

在检验过程中也可以编写一个小程序计算数据中的游程个数、1的个数以及0的个数，程序如下：

R代码
```
N=length(x);
k=1;
for(i in 1:(N-1))if (x[i]! =x[i+1])k=k+1;
m=sum(1-x);
n=sum(x)
```

对本例数据运行以上命令，可以计算出 $k=5$，$m=9$，$n=21$。

该检验给出的是大样本正态近似的 $P$ 值，如果想要得到精确的检验 $P$ 值，需要自行编写程序，读者可以参照前面给出的检验统计量进行编写。

## 五、练习实验

在工厂的全面质量管理中，生产出来的20个工件的某一尺寸按生产顺序为：

12.27　9.92　10.81　11.79　11.87　10.90　11.22　10.80　10.33　9.30　9.81　8.85　9.32　8.67　9.32　9.53　9.58　8.94　7.89　10.77

生产出来的工件的尺寸变化是随机的，还是受其他非随机因素影响（数据详见附录二二维码2.4.1.txt）？

# 第三章

# 两样本问题

上一章我们介绍了关于一个样本位置参数的检验，本章将介绍关于两个样本位置参数是否相同的非参数检验，本章介绍的检验方法依然不依赖于总体分布，且适用性更广，同时更具稳健性。

# 实验一　Brown-Mood 检验

## 一、实验目的

掌握 Brown-Mood 检验的方法；学习如何利用 R 软件对两独立样本数据进行 Brown-Mood 检验，并给出有关置信区间。

## 二、实验内容

根据所提供的统计数据，采用 R 软件进行 Brown-Mood 检验，并给出有关置信区间。

## 三、准备知识

在单样本位置问题中，人们想要检验的是总体的中心是否等于一个已知的值。但在实际问题中，更受关注的往往是比较两个总体的位置参数。这时候假设问题为：

$$H_0: M_x = M_y \Leftrightarrow H_1: M_x \neq M_y$$

显然，在原假设下，如果两个样本的中位数一样，那么它们共同的中位数（$M_{xy}$），即混合样本的中位数，应该对于每一列数据来说都处于中间位置。也就是说，（$y_1$，$y_2$，…，$y_m$）和（$x_1$，$x_2$，…，$x_n$）中大于或小于 $M_{xy}$ 的样本点应该大致一样多。

上面的问题可以表示为一个 2×2 列联表，即：

**表 3-1　两独立样本位置参数检验的 2×2 列联表**

| | $X$ | $Y$ | 总和 |
|---|---|---|---|
| $>M_{xy}$ | $a$ | $b$ | $T=a+b$ |
| $<M_{xy}$ | $m-a$ | $n-b$ | $(m+n)-(a+b)$ |
| 总和 | $m$ | $n$ | $m+n$ |

在原假设成立的条件下，这个结果有一点像超几何分布。令 $A$ 表示在样本 $X$ 中大于 $M_{xy}$ 的样本点数，则：

$$p(A=k)=\frac{\binom{m}{k}\binom{n}{m-k}}{\binom{m+n}{m}}$$

取 $A$ 作为检验的统计量，则 $A$ 应该不大不小，如果 $A$ 太大或太小，则应该怀疑原假设。表 3-2 列出了 Brown-Mood 中位数检验的基本内容。

表 3-2 Brown-Mood 中位数检验内容

| 假设 | 检验的统计量 | P 值 |
|---|---|---|
| $H_1: M_x > M_y$ | $A$ | $P(A \geqslant a)$ |
| $H_1: M_x < M_y$ | $A$ | $P(A \leqslant a)$ |
| $H_1: M_x \neq M_y$ | $A$ | $2\min(P(A \geqslant a), P(A \leqslant a))$ |

满足：$P(A \leqslant a)+P(A \geqslant a)=\alpha$。

在 Brown-Mood 检验中需要计算超几何分布，在 R 软件中，超几何分布概率计算函数为 phyper( )，用法如下：

phyper(a,m,n,t)

其中，m 为红球个数，n 为白球个数，t 为摸球次数，a 为摸到的红球个数，参考函数 dhyper( )、phyper( )、qhyper( )、rhyper( )。为获得进一步信息可参阅 R 函数帮助文档。

## 四、实验项目

为了研究某地区行业间收入差距，某调查公司分别对两个行业收入进行了调查，得到了第一个行业 17 个数据，第二个行业 15 个数据。根据调查数据，对两个行业收入是否具有差异给出统计学意义上的结论（数据详见附录二二维码 3. 1. 1. txt）。

表 3-3 两个行业的收入统计

单位：元

| 收入 | 行业 | 收入 | 行业 |
|---|---|---|---|
| 6864 | 1 | 17244 | 1 |
| 7304 | 1 | 10276 | 2 |
| 7477 | 1 | 10533 | 2 |
| 7779 | 1 | 10633 | 2 |
| 7895 | 1 | 10837 | 2 |
| 8348 | 1 | 11209 | 2 |
| 8461 | 1 | 11393 | 2 |
| 9553 | 1 | 11864 | 2 |
| 9919 | 1 | 12040 | 2 |
| 10073 | 1 | 12642 | 2 |
| 10270 | 1 | 12675 | 2 |
| 11581 | 1 | 13199 | 2 |
| 13472 | 1 | 13683 | 2 |
| 13600 | 1 | 14049 | 2 |
| 13962 | 1 | 14061 | 2 |
| 15019 | 1 | 16079 | 2 |

我们知道如果数据服从正态分布，那么可以使用 $t$ 检验进行分析，但是在对分布未知

的情况下，盲目使用 $t$ 检验是具有风险的，为此我们先要确定数据是否服从正态分布，首先对数据进行描述性分析，下面先绘制数据的箱线图。

绘制数据的箱线图：

R 代码

```
z= read.table("D:/data/3.1.1.txt")
x=z[z[,2]==1,1]
y=z[z[,2]==2,1]
boxplot(x,y,z[,1])
```

R 输出

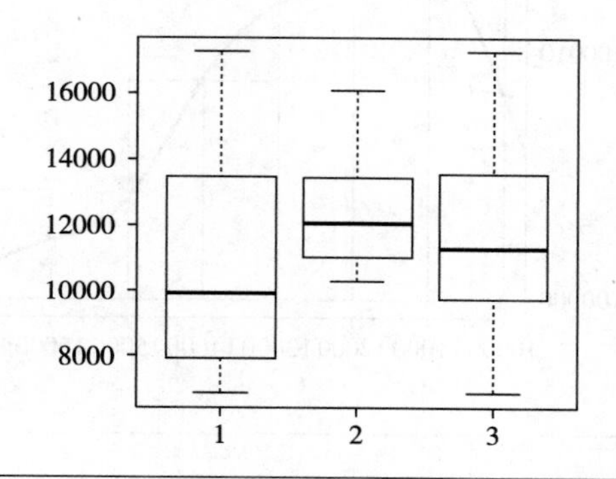


箱线图显示两组数据的中心是具有差异的。要检验这种差距是否是明显的，有必要先了解数据的分布形态，为此我们绘制了两组数据的直方图和密度曲线。

绘制行业 1 的直方图和密度曲线：

R 代码

```
hist(x,freq=F,main="直方图和密度曲线")
lines(density(x))
```

R 输出

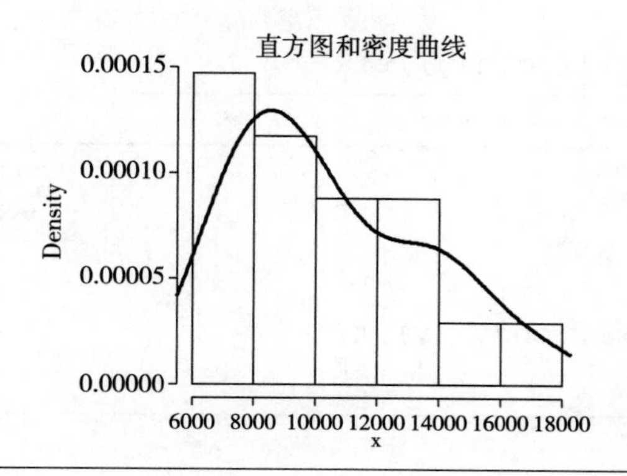

绘制行业 2 的直方图和密度曲线：

R 代码

```
hist(y,freq=F,main="直方图和密度曲线")
lines(density(y))
```

R 输出

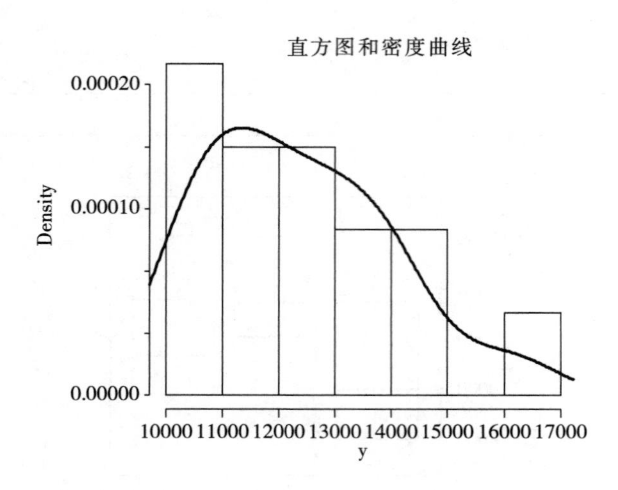


输出的直方图显示两组数据的分布均为偏态分布，因而使用基于对称的正态分布假设下的 $t$ 检验是有风险的。因此，此处使用 Brown-Mood 检验并选择假设：

$$H_0: M_x = M_y \Leftrightarrow H_1: M_x \neq M_y$$

进而，在 R 软件中计算统计量及其发生的概率 $P$ 值。

执行 Brown-Mood 检验：

R 代码

```
med=median(z[,1])
a=sum(x>med)
t=sum(y>med)+a
phyper(a,length(x),length(y),t)
```

R 输出

```
>cat(a)
6
>phyper(a,length(x),length(y),t)
[1] 0.07780674
```

输出结果显示统计量 $A=6$，其发生的概率 $P$ 值等于 0.07780674，所以在显著性水平大于 0.07780674 的情况下，可以拒绝原假设，认为样本数据分布中心不同。

在进行数据处理时，我们也可以将其转变为 fisher 检验，因此，可以通过将数据转换为符合 fisher 检验的数据结构形式进行分析。

执行 fisher 检验：

R 代码

```
z= read.table("D:/data/3.1.1.txt")
x=z[z[,2]==1,1]
y=z[z[,2]==2,1]
a=sum(x>med)
b=sum(y>med)
c1=c(a,b)
c2=c(length(x)-a,length(y)-b)
c=cbind(c1,c2)
fisher.test(c,alt="less")
```

## 五、练习实验

为研究长跑运动对增强普通高校学生心功能的效果，对某学院 20 名男生进行实验，经过 5 个月的长跑锻炼后看其晨脉是否减少。锻炼前后的晨脉数据如下：

锻炼前：70 76 56 63 63 56 58 60 65 65 75 66 56 59 70 69 72 58 56 74

锻炼后：48 54 60 64 48 55 54 45 51 48 56 48 64 50 54 50 52 55 54 58

使用 Brown-Mood 检验来检验运动前后的晨脉间有无显著差异（$\alpha=0.05$）（数据详见附录二二维码 3.1.2.txt）。

# 实验二 Mann-Whitney 检验

## 一、实验目的

掌握 Mann-Whitney 检验的方法；学习如何利用 R 软件对两独立样本数据进行 Mann-Whitney 检验，并给出有关置信区间。

## 二、实验内容

根据所提供的统计数据，采用 R 软件进行 Mann-Whitney 检验，并给出有关置信区间估计。

## 三、准备知识

在 Brown-Mood 检验中，比较两个总体的中位数时，只利用了样本大于或小于共同中位数的数目，如同单样本时的符号秩检验一样，只有方向的信息，没有差异大小的信息。作为单样本的 Wlicoxon 秩和检验的推广，下面我们从两个连续总体 $X$ 和 $Y$ 中分别随机抽取样本，记为 $X_1$，$X_2$，…，$X_m$ 和 $Y_1$，$Y_2$，…，$Y_n$，两个总体是否有相同的分布形状，或者它们的中位数是否相等。假设检验的问题为：

$$H_0: M_x=M_y \Leftrightarrow H_1: M_x>M_y$$

$$H_0: M_x=M_y \Leftrightarrow H_1: M_x<M_y$$

$$H_0: M_x=M_y \Leftrightarrow H_1: M_x \neq M_y$$

如果 $H_0$ 为真，那么将 $m$ 个 $x$、$n$ 个 $y$ 的数据，按数值的相对大小从小到大排序，$X$ 和 $Y$ 的值应该期望被很好地混合，这 $m+n=N$ 个观察值可以被看作来自于共同总体的一个单一的随机样本。若大部分的 $y$ 大于 $x$，或大部分的 $x$ 大于 $y$，将不能证实这个有序的序列是一个随机的混合，将拒绝 $x$、$y$ 来自一个相同总体的原假设。在 $x$、$y$ 混合排列的序列中，$x$ 占有的位置相对于 $y$ 的相对位置，因此等级或秩是表示位置的一个极为方便的方法。在 $x$、$y$ 的混合序列中，等级 1 是最小的观察值，等级 $N$ 是最大的观测值。若 $x$ 的等级大部分大于 $y$ 的等级，那么数据将支持 $H_1$：$M_x>M_y$，而如果 $x$ 的等级大部分小于 $y$ 的等级，则数据将支持 $H_1$：$M_x<M_y$。

根据上面的基本原理，检验统计量为 $W_x=X$ 的秩和与 $W_y=Y$ 的秩和。

由于 $x$、$y$ 的混合序列的秩和为 $1+2+\cdots+N=\frac{N(N+1)}{2}$，所以 $W_x+W_y=\frac{N(N+1)}{2}$。

令 $W_{yx}$ 为把所有的 $y$ 观测值与 $x$ 观测值做比较后，$x$ 大于 $y$ 的个数；令 $W_{xy}$ 为把所有的 $x$ 观测值与 $y$ 观测值做比较后，$y$ 大于 $x$ 的个数。那么有：

$$W_x = W_{yx} + \frac{n(n+1)}{2}$$

$$W_y = W_{xy} + \frac{m(m+1)}{2}$$

其中，$W_{xy}$ 和 $W_{yx}$ 同被称为 Mann-Whitney 检验统计量。

Mann-Whitney 检验可以总结如下表：

表 3-4　Mann-Whitney 检验

| 假设 | 检验的统计量（$k$） | $P$ 值 |
| --- | --- | --- |
| $H_0$：$M_x = M_y \Leftrightarrow H_1$：$M_x > M_y$ | $W_{xy}$ 或 $W_y$ | $P(K \leq k)$ |
| $H_0$：$M_x = M_y \Leftrightarrow H_1$：$M_x < M_y$ | $W_{yx}$ 或 $W_x$ | $P(K \leq k)$ |
| $H_0$：$M_x = M_y \Leftrightarrow H_1$：$M_x \neq M_y$ | $\min(W_{xy},\ W_{yx})$<br>$\min(W_x,\ W_y)$ | $2P(K \leq k)$ |

在 R 软件中提供了直接进行 Wlicoxon（Mann-Whitney）检验的函数 wilcox. test( )，具体用法为：

wilcox. test( x, y = NULL, alternative = c( " two. sided" , " less" , " greater" ) , mu = 0, paired = FALSE, exact = NULL, …)

其中，x，y 为样本变量；alternative 为备选假设，有双侧检验和单侧检验；mu 是待估参数，如中位数；paired 为逻辑参数，说明 x，y 是否为成对变量；exact 为逻辑变量，说明是否计算精确 $P$ 值；其他参数详见在线帮助文档。

## 四、实验项目

在假设行业间收入分布相似的情况下，请根据本章实验一中的实验项目数据检验两行业平均收入水平是否相同（数据详见附录二二维码 3. 1. 1. txt）。

表 3-5　两行业平均收入统计　　单位：元

| 收入 | 行业 | 收入 | 行业 |
| --- | --- | --- | --- |
| 864 | 1 | 17244 | 1 |
| 7304 | 1 | 10276 | 2 |
| 7477 | 1 | 10533 | 2 |
| 7779 | 1 | 10633 | 2 |
| 7895 | 1 | 10837 | 2 |
| 8348 | 1 | 11209 | 2 |
| 8461 | 1 | 11393 | 2 |
| 9553 | 1 | 11864 | 2 |
| 9919 | 1 | 12040 | 2 |
| 10073 | 1 | 12642 | 2 |
| 10270 | 1 | 12675 | 2 |
| 11581 | 1 | 13199 | 2 |
| 13472 | 1 | 13683 | 2 |
| 13600 | 1 | 14049 | 2 |
| 13962 | 1 | 14061 | 2 |
| 15019 | 1 | 16079 | 2 |

此处将使用 Mann-Whitney 检验，因为前面已经做了相应的描述性分析，所以本实验将略去相应的描述分析（保留了代码，但相应的输出结果不在此处罗列），直接对数据进行检验。这里选择假设形式：

$$H_0: M_x = M_y \Leftrightarrow H_1: M_x \neq M_y$$

在 R 软件中计算统计量及其发生的概率 $P$ 值，执行 Wilcoxon 符号秩检验：

R 代码
```
z= read.table("D:/data/3.1.1.txt")
x=z[z[,2]==1,1]
y=z[z[,2]==2,1]
boxplot(x,y,z[,1])
wilcox.test(x,y,alt="less")
```

R 输出
```
>wilcox.test(x,y,alt="less")

      Wilcoxon rank sum test

data:  x and y
W=69,p-value=0.01352
alternative hypothesis:true location shift is less than 0
```

输出结果显示统计量 $W=69$，其发生的概率 $P$ 值等于 0.01352，所以在显著性水平大于 0.01352 的情况下，我们拒绝原假设，认为样本数据分布中心不同。

## 五、练习实验

为研究长跑运动对增强普通高校学生心功能的效果，对某学院 20 名男生进行实验，经过 5 个月的长跑锻炼后看其晨脉是否减少。锻炼前后的晨脉数据如下：

锻炼前：70　76　56　63　63　56　58　60　65　65　75　66　56　59　70　69　72　58　56　74

锻炼后：48　54　60　64　48　55　54　45　51　48　56　48　64　50　54　50　52　55　54　58

假设锻炼前和锻炼后拥有相近的分布形态。使用 Wlicoxon（Mann-Whitney）检验运动前后的晨脉间有无显著差异（$\alpha=0.05$）（数据详见附录二二维码 3.1.2.txt）。

# 实验三　配对样本的检验

## 一、实验目的

掌握成对样本的符号检验和 Wilcoxon 符号秩检验的方法；学习如何利用 R 软件对成对样本数据进行符号检验和 Wilcoxon 符号秩检验。

## 二、实验内容

根据所提供的统计数据，采用 R 软件进行符号检验和 Wilcoxon 符号秩检验。

## 三、准备知识

1. 符号检验

所谓成对样本，是指两个相关样本，即两样本之间存在着某种内在联系。在实际生活中，常常要比较成对数据。比如药物、饮食、材料、管理方法等。有时要同时比较，有时要比较处理前后的区别。

成对样本的符号检验具体步骤如下：设 $X$ 和 $Y$ 分别具有分布函数 $F(x)$ 和 $F(y)$，根据两个总体的随机配对样本数据（$x_1$，$y_1$），（$x_2$，$y_2$），…，（$x_n$，$y_n$），研究 $X$ 和 $Y$ 是否具有相同的分布函数。即检验 $H_0$：$F(x)=F(y)$。如果两个总体具有相同的分布，则其中位数应该相等，所以检验的假设为：

$$H_0: m_x = m_y \Leftrightarrow H_1: m_x \neq m_y$$

$$H_0: m_x \leqslant m_y \Leftrightarrow H_1: m_x > m_y$$

$$H_0: m_x \geqslant m_y \Leftrightarrow H_1: m_x < m_y$$

配对样本符号检验的计算步骤为：

与单样本的符号检验一样，也定义 $S_+$ 和 $S_-$ 为检验的统计量。这里 $S_+ = \sum_{i=1}^{n} I(x_i > y_i)$ 为 $x_i > y_i$ 的数目；$S_- = \sum_{i=1}^{n} I(x_i < y_i)$ 为 $x_i < y_i$ 的数目。

由于$S_+$和$S_-$的抽样分布为二项分布 $B\left(n, \frac{1}{2}\right)$，如果$S_+$大小适中，则支持原假设。否则，若$S_+$太大、$S_-$太小，则支持 $H_1$：$m_x > m_y$；若$S_+$太小、$S_-$太大，则支持 $H_1$：$m_x < m_y$。

令 $k = \min(S_+, S_-)$，则检验的准则如下表：

表 3-6 配对样本的检验假设对应的 *P* 值

| | |
|---|---|
| $H_0$：$m_x = m_y \Leftrightarrow H_1$：$m_x \neq m_y$ | $P = 2 \times \sum_{i=0}^{k} C_n^i (0.5)^n$ |
| $H_0$：$m_x \leqslant m_y \Leftrightarrow H_1$：$m_x > m_y$ | $P = \sum_{i=0}^{k} C_n^i (0.5)^n$ |
| $H_0$：$m_x \geqslant m_y \Leftrightarrow H_1$：$m_x < m_y$ | $P = \sum_{i=0}^{k} C_n^i (0.5)^n$ |

表 3-7 配对样本的检验假设

| 假设 | 检验的统计量（$k$） | $P$ 值 |
|---|---|---|
| $H_1$：$m_x > m_y \Leftrightarrow m_d > 0$ | $T = \min(T_+,\ T_-)$ | $P(T \leqslant k)$ |
| $H_1$：$m_x < m_y \Leftrightarrow m_d < 0$ | $T = \min(T_+,\ T_-)$ | $P(T \leqslant k)$ |
| $H_1$：$m_x \neq m_y \Leftrightarrow m_d = 0$ | $T = \min(T_+,\ T_-)$ | $2P(T \leqslant k)$ |

注：$m_d$ 为 $m_x$ 与 $m_y$ 之差，即两样本之差。

2. Wilcoxon 符号秩检验

前面的符号检验只用到它们差异的符号，而未考虑数字大小所包含的信息。为改进信息的利用效率，可采用两样本配对 Wilcoxon 符号秩检验。类似于单样本，配对 Wilcoxon 检验既考虑了正、负号，又考虑了两者差值的大小。

Wilcoxon 符号秩检验的步骤：

（1）计算各观察值对应的偏差 $D_i = X_i - Y_i$。

（2）求偏差的绝对值 $|D_i| = |X_i - Y_i|$。

（3）按偏差绝对值的大小排序。

（4）考虑各偏差的符号，由绝对值偏差秩得到符号值。

（5）分别计算正、负符号秩的和 $T^+$ 和 $T^-$。

（6）统计量 $k = \min(T_+,\ T_-)$。

（7）得出结论。

配对样本的检验可以通过 R 软件中提供的 wilcox. test( ) 函数进行，详见本章实验二。

## 四、实验项目

本例是对九名混合性焦虑和抑郁症患者进行治疗的方法。表 3-8 中第一列是治疗前的汉密尔顿抑郁测量值，第二列是治疗后的对应值。

表 3-8 抑郁症患者治疗前后的汉密尔顿测量值

| 序号 | 1 | 2 | 3 | 4 | 5 | 6 | 7 | 8 | 9 |
|---|---|---|---|---|---|---|---|---|---|
| 治疗前 | 1.83 | 0.50 | 1.62 | 2.48 | 1.68 | 1.88 | 1.55 | 3.06 | 1.30 |
| 治疗后 | 0.878 | 0.647 | 0.598 | 2.05 | 1.06 | 1.29 | 1.06 | 3.14 | 1.29 |

请检验该治疗方法对九名混合性焦虑和抑郁症患者是否有效（数据详见附录二二维码3.3.1.txt）。

由于对于样本数据服从的总体分布未知，同时样本量较小，所以推荐使用非参数的配对样本检验，如 Wilcoxon 符号秩检验。这里选择假设形式：

$$H_0: m_x \leqslant m_y \Leftrightarrow H_1: m_x > m_y$$

在 R 软件中计算统计量及其发生的概率 $P$ 值，执行以下代码，进行 Wilcoxon 符号秩检验：

R 代码

```
x<- c(1.83,0.50,1.62,2.48,1.68,1.88,1.55,3.06,1.30)
y<- c(0.878,0.647,0.598,2.05,1.06,1.29,1.06,3.14,1.29)
wilcox.test(x,y,paired=TRUE,alternative="greater")
```

R 输出

```
>wilcox.test(x,y,paired=TRUE,alternative="greater")

    Wilcoxon signed rank test

data:  x and y
V=40,p-value=0.01953
alternative hypothesis:true location shift is greater than 0
```

检验结果显示统计量 $V=40$，其发生的概率 $P$ 值等于 0.01953，所以在显著性水平大于 0.01953 的情况下，拒绝原假设，认为治疗前的汉密尔顿抑郁测量值大于治疗后的汉密尔顿抑郁测量值，因此可以认为该治疗手段在统计学意义上是有效的。

利用 Wilcoxon 符号秩检验对配对数据进行检验，我们获得了拒绝原假设的证据。下面针对本数据使用符号检验进行相关分析。在 R 软件中执行以下代码：

R 代码

```
a=sum(((x-y)>0))
b=sum(((x-y)<0))
cat(a)
1-pbinom(a,n,0.5))
```

R 输出

```
>cat(a)
6
>1-pbinom(a,n,0.5)
[1] 0.08984375
```

检验结果显示统计量 $S=6$，其发生的概率 $P$ 值等于 0.08984375，所以在显著性水平小于 0.08984375 的情况下无法拒绝原假设，认为治疗前的汉密尔顿抑郁测量值与治疗后的汉密尔顿抑郁测量值没有统计意义上的不同。使用符号检验与使用 Wilcoxon 符号秩检验得到不同结论的主要原因在于研究中获得的样本量较小，同时符号检验使用信息量少，效率要低于 Wilcoxon 符号秩检验。

## 五、练习实验

在研究计算器是否影响学生手算能力的实验中，13 个没有计算器的学生（A 组）和 10 个拥有计算器的学生（B 组）对一些计算题进行手算测试，这两组学生得到正确答案的时间（分钟）分别如下：

A 组：27.6　19.4　19.8　26.2　31.7　28.1　24.4　19.6　16.8　24.3　29.9　17.0　28.7

B 组：39.5　31.2　25.1　29.4　31.0　25.5　15.0　53.0　39.0　24.9

能否说 A 组的学生比 B 组的学生算得更快？利用所学的检验来得出你的结论。并找出所花时间的中位数的差的点估计和 95%置信度的区间估计。

# 第四章

# 多样本问题

上一章主要讲了两个样本的比较问题。在实际中，我们常常会碰到多个样本的比较问题。例如，比较几种不同的方法、决策所产生的结果是否一致等问题。本章研究多个样本在独立的条件下的比较问题，主要包括 Kruskal-Wallis 检验和 Jonckheere-Terpstra 检验。

# 实验一 Kruskal-Wallis 检验

## 一、实验目的

掌握 Kruskal- Wallis 检验的方法；学习如何利用 R 软件对多个独立样本数据进行 Kruskal-Wallis 检验。

## 二、实验内容

根据所提供的统计数据，采用 R 软件进行 Kruskal-Wallis 检验。

## 三、准备知识

在比较两个以上的总体时，广泛使用的 Kruskal-Wallis 检验就是对两个以上的秩样本进行比较的非参数方法，实质上它是两样本比较时的 Wilcoxon 方法在多样本时的推广。

Kruskal-Wallis 检验中，要求 $k$ 个样本有相似的连续分布（除了位置可能不同外），所有观察值在样本内和样本之间独立。假设检验的问题可以表述为：

$$H_0: M_1 = M_2 = \cdots = M_k \Leftrightarrow H_1\text{：至少一对位置参数不相等}$$

在该检验中，先计算全体样本中的秩，遇到数据出现相等，即存在“结”的情况时，采用“平均秩”的手段让它们“分享”它们理应所得的秩和，再对数据（秩）进行方差分析，但构造的 Kruskal-Wallis 统计量并不是组间平均平方和除以组内平均平方和，而是组间平方和除以总平方和的平均数。

KW 统计量的观察值是我们判定各组之间是否存在差异的有力依据，因为我们需要检验的原假设是各组之间不存在差异，或者说各组样本来自的总体具有相同的中心（均值或中位数）。Kruskal-Wallis 统计量的计算步骤如下：

将 $k$ 组数据混合，并从小到大排列，列出等级。记观察值 $x_{ij}$ 在混合样本中的秩为 $R_{ij}$。令：

$R_i = \sum_{j=1}^{n_k} R_{ij} (i = 1, 2, \cdots, k)$ 为第 $i$ 个样本的秩和；

$\overline{R}_i = \frac{R_i}{n_i} (i = 1, 2, \cdots, k)$ 为第 $i$ 个样本的平均秩和；

$R_{..} = 1 + 2 + \cdots + n = \frac{n(n+1)}{2}$ 为所有数据混合后的秩和；

$\overline{R}_{..} = \frac{\sum_{i=1}^{k} R_i}{n} = \frac{n(n+1)}{2n} = \frac{(n+1)}{2}$ 为所有观察值的秩的平均。

当 $\overline{R_i}$ 存在较大差别时，有理由怀疑 $H_0$ 是否为真。

混合数据各秩的平方和为：

$$\sum\sum R_{ij}^2 = 1^2 + 2^2 + \cdots + n^2 = \frac{n(n+1)(n-1)}{6}$$

混合数据各秩的总平方和为：

$$SST = \sum_{j=1}^{n_k}\sum_{i=1}^{k}(R_{ij} - \overline{R}_{..})^2 = \sum_{j=1}^{n_k}\sum_{i=1}^{k}(R_{ij}^2 - \overline{R}_{..}{}^2/n) = \frac{n(n+1)(n-1)}{12}$$

总方差估计（总均方）为：

$$Var(R_{ij}) = MST = \frac{SST}{n-1} = \frac{n(n+1)}{12}$$

各样本处理间的平均和为：

$$SST = \sum_{i=1}^{k} n_i(\overline{R}_i - \overline{R}_{..})^2 = \sum_{i=1}^{k} R_i^2/n_i - \overline{R_{..}} = \sum_{i=1}^{k} R_i^2/n_i - n(n+1)^2/4$$

由此，仿照方差分析的做法，可以构造检验的统计量，将它定义为 $H$，进而：

$$H = \frac{SST}{MST} = \frac{\sum_{i=1}^{k} R_i^2/n_i - n(n+1)^2/4}{n(n+1)/12} = \frac{12}{n(n+1)}\sum_{i=1}^{k} R_i^2/n_i - 3(n+1)$$

在 $H_0$ 为真的条件下，只要 $k$ 大于 3，$H$ 近似地服从自由度为（$k-1$）的 $\chi^2$ 分布。

当数据有相同值（存在结）时，$H$ 可修正为：

$$H_C = \frac{H}{1 - \frac{\sum_{i=1}^{g}(\tau_i^3 - \tau_i)}{n^3 - n}}$$

其中，$\tau_i$ 为第 $i$ 个结的长度，$g$ 为结的个数。

R 软件中提供了 Kruskal-Wallis 检验，其函数为 kruskal. test( )，使用方法如下：

```
kruskal. test(x,g,…)
kruskal. test(formula,data,subset,na. action,…)
```

其中，x 是数据构成的向量或列表，g 是由因子构成的向量，当 x 是列表时，无效。formula 是方差分析的公式，data 是数据框，其余参数见在线帮助。

## 四、实验项目

我国 2005 年东、中、西三个地区的人均（GDP）的数据如下（单位为元）：

东部地区包括：北京、天津、河北、辽宁、上海、江苏、浙江、福建、山东、广东和海南。人均 GDP 分别为：

45444　35783　14782　18983　51474　24560　27703　18646　20096　24435　10871

中部地区包括：山西、吉林、黑龙江、安徽、江西、河南、湖北和湖南。人均 GDP 分别为：

12495 13348 14434 8675 9440 11346 11431 10426

西部地区包括：广西、内蒙古、重庆、四川、贵州、云南、西藏、陕西、甘肃、青海、宁夏和新疆。人均 GDP 分别为：

8788 16331 10982 9060 5052 7835 9114 9899 7477 10045 10239 13108

试利用 Kruskal-Wallis 检验判断东、中、西三个地区的人均 GDP 的中位数是否一样（$\alpha=0.05$）（数据详见附录二二维码 4.1.1.txt）。

该检验为三个总体的位置参数的比较，参数检验下可以通过方差分析方法进行比较，但是方差分析要求各总体满足正态性和方差齐性，否则可能导致严重的偏差。为此，先读入数据，并观察数据的分布特征。在 R 软件中运行以下代码：

R 代码

```
gdp<-read.table("D:/data/4.1.1.txt")
x=gdp[gdp[,2]==1,1]
y=gdp[gdp[,2]==2,1];
z=gdp[gdp[,2]==3,1];
boxplot(x,y,z)
```

R 输出

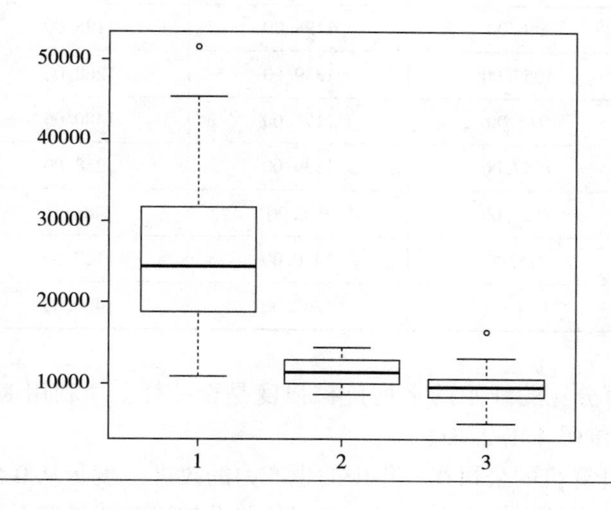


从数据的箱线图来看，三个样本数据方差存在明显差异。为此，比较东、中、西三个地区的人均中位数是合理的，从图形来看，东、中、西三个地区的人均中位数存在明显的差异，故选择假设的形式为：

$H_0$：东、中、西三个地区的人均 GDP 相等 $\Leftrightarrow H_1$：东、中、西三个地区的人均 GDP 不完全相等执行 Kruskal-Wallis 检验：

```
R 输出
>kruskal.test(gdp[,1],gdp[,2],gdp[,3])

        Kruskal-Wallis rank sum test

data:  gdp[,1] and gdp[,2]
Kruskal-Wallis chi-squared=18.768,df=2,p-value=8.406e-05
```

检验的 $P$ 值近似为零，所以在显著性水平大于 8.406e-05 的情况下，可以拒绝原假设，认为东、中、西三个地区的人均 GDP 不完全相等。

## 五、练习实验

（1）对 5 种含有不同棉花百分比的纤维各做 8 次抗拉强度试验，结果如下：

**表 4-1　5 种不同棉花百分比的纤维抗拉强度**　　单位：$g/cm^2$

| 棉花百分比 | | | | |
|---|---|---|---|---|
| 15% | 20% | 25% | 30% | 35% |
| 411.00 | 1268.00 | 1339.00 | 1480.00 | 986.00 |
| 705.00 | 846.00 | 1198.00 | 1198.00 | 775.00 |
| 493.00 | 1057.00 | 1339.00 | 1268.00 | 493.00 |
| 634.00 | 916.00 | 1198.00 | 1480.00 | 775.00 |
| 634.00 | 1057.00 | 1339.00 | 1268.00 | 352.00 |
| 846.00 | 1127.00 | 916.00 | 986.00 | 352.00 |
| 564.00 | 775.00 | 1480.00 | 1127.00 | 564.00 |
| 705.00 | 634.00 | 1268.00 | 1480.00 | 423.00 |

试问不同棉花百分比的纤维的平均抗拉强度是否一样？（利用 Kruskal-Wallis 检验）（数据详见附录二二维码 4.1.2.txt）

（2）关于生产计算机的公司在一年中的生产力的改进（度量从 0 到 100）与其在过去三年中的智力投资（度量为低、中、高）之间的关系的研究结果如下：

表 4-2 计算机生产力改进与三年中智力投资的关系

| 智力投资 | 低 | 中 | 高 |
| --- | --- | --- | --- |
| 生产力改进 | 9.1 | 5.1 | 10.4 |
| | 7 | 8.7 | 9.2 |
| | 6.4 | 6.6 | 10.6 |
| | 8 | 7.9 | 10.9 |
| | 7.3 | 10.1 | 10.7 |
| | 6.1 | 8.5 | 10 |
| | 7.5 | 9.8 | 10.1 |
| | 7.3 | 6.6 | 10 |
| | 6.8 | 9.5 | — |
| | 7.8 | 9.9 | — |
| | — | 8.1 | — |
| | — | 7 | — |

智力投资是否对生产力有帮助？（利用 Kruskal-Wallis 检验）（数据详见附录二二维码 4.1.3.txt）

# 实验二
# K 个独立样本的 Jonckheere-Terpstra 检验

## 一、实验目的

掌握 Jonckheere-Terpstra 检验的方法；学习如何利用 R 软件对 $K$ 个独立样本数据进行 Jonckheere-Terpstra 检验。

## 二、实验内容

根据所提供的统计数据，采用 R 软件进行 Jonckheere-Terpstra 检验。

## 三、准备知识

Kruskal-Wallis 检验可用来检验多个独立样本的总体位置参数是否一样，但若要进一步判断它们是否呈现出单调趋势，就需要进行 Jonckheere-Terpstra 检验。

Jonckheere-Terpstra 检验适用于 $k$ 个总体有相似的连续分布（除了位置可能不同外），所有的观察值在样本内和样本之间独立，并进一步假设有 $k$ 个样本 $X_1$，$X_2$，…，$X_k$，$X_i$~

$F(X+\theta_i)$，其中 $\theta_1$，$\theta_2$，…，$\theta_k$ 为位置参数。

K-S 检验主要用于双边假设检验，但在实践中，有可能需要我们判断样本的位置是否呈现出某种趋势（上升或下降趋势）。

若为持续上升的趋势，检验假设为：

$$H_0: \theta_1 = \theta_2 = \cdots = \theta_k \Leftrightarrow H_1: \theta_1 \leqslant \theta_2 \leqslant \cdots \leqslant \theta_k$$

若为持续下降的趋势，检验假设为：

$$H_0: \theta_1 = \theta_2 = \cdots = \theta_k \Leftrightarrow H_1: \theta_1 \geqslant \theta_2 \geqslant \cdots \geqslant \theta_k$$

与 Mann-Whitney 检验类似，如果一个样本中的观察值小于另一个样本中的观察值，则可以考虑两总体的位置之间有大小关系。Jonckheere-Terpstra 检验过程如下：

首先，计算样本 $i$ 中观察值小于样本 $j$ 中观察值的对数，记为：

$$U_{ij} = \#(X_{ik} < X_{jl},\ i = 1, 2, \cdots, n_i;\ j = 1, 2, \cdots, n_j)$$

其次，对所有的 $U_{ij}$ 在 $i < j$ 范围内求和，这样就产生了 Jonckheere-Terpstra 检验的统计量：

$$J = \sum_{i<j} U_{ij}$$

其中，$J$ 的取值范围为：$0 \leqslant J \leqslant \sum_{i<j} n_i n_j$。

由 $J$ 的定义可知，$J$ 越大对 $H_0$ 越不利。尾概率为 $p(J > c) = \alpha$，通过计算软件可求出统计量取值的 $P$ 值。

如果有结的情况出现，则 $U_{ij}$ 应修正为：

$$U_{ij}^* = \#(X_{ik} < X_{jl},\ i = 1, 2, \cdots, n_i;\ j = 1, 2, \cdots, n_j) + \frac{1}{2}\#(X_{ik} = X_{jl},\ i = 1, 2, \cdots, n_i;\ j = 1, 2, \cdots, n_j)$$

对应的修正后的 Jonckheere-Terpstra 统计量为：

$$J^* = \sum_{i<j} U_{ij}^*$$

在大样本时，可以使用正态统计量近似：

$$Z = \frac{J - (n^2 - \sum_{i=1}^{k} n_i^2)/4}{\sqrt{[n^2(2n+3) - \sum_{i=1}^{k} n_i^2(2n_i + 3)]/72}} \to N(0, 1)$$

在 R 软件中没有提供关于 Jonckheere-Terpstra 检验的函数，但是可以根据统计量的定义编写程序得到精确的以及大样本情形下近似的统计量以及 $P$ 值。

## 四、实验项目

我国 2005 年东、中、西三个地区的人均 GDP 的数据如下（单位为元）：

东部地区包括：北京、天津、河北、辽宁、上海、江苏、浙江、福建、山东、广东和海南。人均 GDP 分别为：

45444 35783 14782 18983 51474 24560 27703 18646 20096 24435 10871

中部地区包括：山西、吉林、黑龙江、安徽、江西、河南、湖北和湖南。人均 GDP 分别为：

12495 13348 14434 8675 9440 11346 11431 10426

西部地区包括：广西、内蒙古、重庆、四川、贵州、云南、西藏、陕西、甘肃、青海、宁夏和新疆。人均 GDP 分别为：

8788 16331 10982 9060 5052 7835 9114 9899 7477 10045 10239 13108

有研究认为，我国人均国内生产总值为：西部地区 ≤ 中部地区 ≤ 东部地区，试利用 Jonckheere-Terpstra 检验判断这种结论是否正确（$\alpha = 0.05$）（数据见附录二二维码 4.1.1.txt）。

由于样本量足够大，我们可以采用大样本近似的正态统计量进行检验。类似于本章实验一，我们首先观察样本数据的分布特征。在 R 软件中执行以下代码：

R 代码

```
gdp<-read.table("D:/data/4.1.1.txt")
x=gdp[gdp[,2]==1,1]
y=gdp[gdp[,2]==2,1];
z=gdp[gdp[,2]==3,1];
boxplot(x,y,z)
```

R 输出

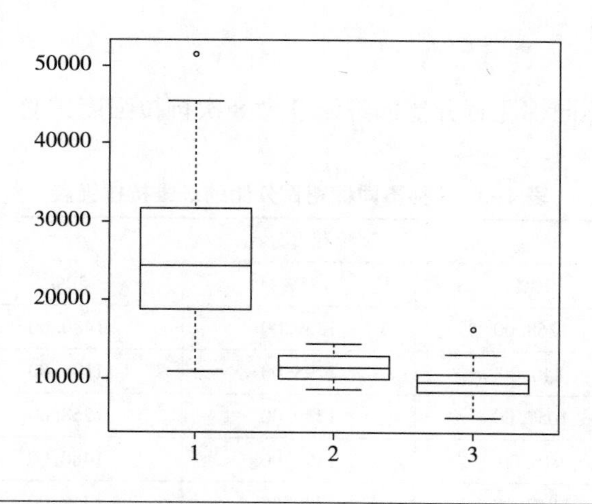


数据的箱线图显示，我国人均 GDP 数据具有明显的西部地区≤中部地区≤东部地区的趋势，故选择假设的形式为：

$$H_0: \theta_1 = \theta_2 = \theta_3 \Leftrightarrow H_1: \theta_1 > \theta_2 > \theta_3$$

其中，$\theta_1$、$\theta_2$、$\theta_3$ 分别是东部、中部、西部地区的人均 GDP。

计算 $Z$ 值和 $P$ 值：

R 代码

```
U=matrix(0,3,3)
  k=max(gdp[,2])
  for(i in 1:(k-1))for(j in
  (i+1):k)U[i,j]=sum(outer(gdp[gdp[,2]==i,1],gdp[gdp[,2]==j,1],"-")==0)/2;

  J=sum(U);
  ni=NULL;
for(i in 1:k)ni=c(ni,sum(gdp[,2]==i))
N=sum(ni);
Z=(J-(N^2-sum(ni^2))/4)/sqrt((N^2*(2*N+3)-sum(ni^2*(2*ni+3)))/72)
```

R 输出

```
>pnorm(Z,low=T)
[1] 4.423316e-09
```

计算得到的 $P$ 值近似为 0，所以在显著性水平大于 4.423316e-09 的情况下，可以拒绝原假设，认为现有的证据表明我国人均 GDP 为：西部地区≤中部地区≤东部地区。

## 五、练习实验

（1）对 5 种含有不同棉花百分比的纤维各做 8 次抗拉强度试验，结果如下：

**表 4-3　5 种不同棉花百分比的纤维抗拉强度**　　单位：$g/cm^2$

| 棉花百分比 | | | | |
|---|---|---|---|---|
| 15% | 20% | 25% | 30% | 35% |
| 411.00 | 1268.00 | 1339.00 | 1480.00 | 986.00 |
| 705.00 | 846.00 | 1198.00 | 1198.00 | 775.00 |
| 493.00 | 1057.00 | 1339.00 | 1268.00 | 493.00 |
| 634.00 | 916.00 | 1198.00 | 1480.00 | 775.00 |
| 634.00 | 1057.00 | 1339.00 | 1268.00 | 352.00 |
| 846.00 | 1127.00 | 916.00 | 986.00 | 352.00 |
| 564.00 | 775.00 | 1480.00 | 1127.00 | 564.00 |
| 705.00 | 634.00 | 1268.00 | 1480.00 | 423.00 |

试问不同棉花百分比的纤维的平均抗拉强度是否一样？（利用 Jonckheere-Terpstra 检验）（数据详见附录二二维码 4.1.2.txt）

（2）关于生产计算机的公司在一年中的生产力的改进（度量从 0 到 100）与其在过去三年中的智力投资（度量为低、中、高）之间的关系的研究结果如下：

**表 4-4　计算机生产力改进与三年中智力投资的关系**

| 智力投资 | 低 | 中 | 高 |
|---|---|---|---|
| 生产力改进 | 9.1 | 5.1 | 10.4 |
| | 7 | 8.7 | 9.2 |
| | 6.4 | 6.6 | 10.6 |
| | 8 | 7.9 | 10.9 |
| | 7.3 | 10.1 | 10.7 |
| | 6.1 | 8.5 | 10 |
| | 7.5 | 9.8 | 10.1 |
| | 7.3 | 6.6 | 10 |
| | 6.8 | 9.5 | — |
| | 7.8 | 9.9 | — |
| | — | 8.1 | — |
| | — | 7 | — |

智力投资是否对生产力有帮助？（利用 Jonckheere-Terpstra 检验）（数据详见附录二二维码 4.1.3.txt）

# 第五章

# 区组设计问题

在上一章的多样本比较中，我们仅考虑了样本独立的情形，而没有考虑不独立的情况下的多样本比较问题。在某些条件下，如试验设计数据，各样本数据是不独立的，这时前面的方法就不适用了。

在试验设计中，称试验者感兴趣的对试验有影响的因素为因子；因子在试验中所处的状态被称为水平或者处理；用于进行试验的个体被称为单元；试验进行的方案被称为设计。在试验设计中，先按一定规则将试验单元划分为若干同质组，称为“区组”（Block），再将各种处理随机地指派给各个区组的分组方案，称为区组设计。常见的区组设计包括完全区组设计和不完全区组设计，而在不完全区组设计中，最常用的是 BIB 设计。

对于一个区组设计，如果每个处理都出现在各个区组中，且仅出现一次，就称之为完全区组设计，其随机化是在各个区组中进行的。

对于一个具有 $k$ 个处理、$b$ 个区组、容量为 $t$ 的区组设计，如果满足以下四个条件，则称之为一个 BIB 设计。

(1) 每个处理在同一区组中至多出现一次。

(2) 区组容量小于处理个数。

(3) 每个处理都出现在 $r$ 个区组中。

(4) 任意一对处理相遇的次数均为 $\lambda$ 次。

在本章中，针对完全区组设计，我们将引入 Friedman 秩和检验和 Page 检验；针对二元数据的区组设计，我们将引入 Cochran 检验；针对 BIB 设计，我们将引入 Durbin 检验。

# 实验一 Friedman 秩和检验

## 一、实验目的

掌握完全区组设计实验数据的 Friedman 秩和检验的方法；学习如何利用 R 软件对区组设计数据进行 Friedman 秩和检验。

## 二、实验内容

根据所提供的统计数据，采用 R 软件进行 Friedman 秩和检验。

## 三、准备知识

Friedman 秩和检验也称 Friedman $\chi^2$ 检验，是 1937 年 Friedman 提出的检验方法。它是检验 $k$ 个总体的分布中心是否有差异的方法。该检验方法独立地在每一个区组内各自对数据进行排秩。一般来说，对于 $k$ 个处理、$b$ 个区组，假定观察值 $X_{ij}(i=1, 2, \cdots, k; j=1, 2, \cdots, b)$ 来自分布为 $F_j(x-\theta_i)$ 的总体，这里 $F_j$ 是第 $j$ 个区组的观察值的分布，而 $\theta_i$ 是关于第 $i$ 个处理的中位数，假设同一区组中所有的观察值都独立，此时，假设检验的问题可以表述为：

$$H_0: \theta_1 = \cdots = \theta_k \Leftrightarrow H_1: \text{不是所有的 } \theta_i \text{ 都相等}$$

令 $R_{ij}$ 为 $X_{ij}$ 在同一区组中的秩，同时令 $R_i$ 为第 $i$ 个处理关于各区组所取秩的总和，即：

$$R_i = \sum_{j=1}^{b} R_{ij}(i=1, 2, \cdots, k)$$

则 $R_1 + R_2 + \cdots + R_k = b(1+2+\cdots+k) = \frac{bk(k+1)}{2}$。

令 $\bar{R} = \frac{\sum_{i=1}^{k} R_i}{k} = \frac{b(k+1)}{2}$，若 $k$ 个样本之间不存在差异，那么无论从哪一个区组去观察，每一种处理所得到的数据在该区组内可能排秩为 1 至 $k$ 中的任何一个数。因此，如果 $H_0$为真的话，对每一个 $i$，$R_i$ 应与 $\bar{R} = \frac{b(k+1)}{2}$ 相距不远，或者其秩平均 $\bar{R}_i = \frac{\sum_{i=1}^{b} R_i}{bk}$ 应与 $(k+1)/2$ 相差不多。仿照方差分析的做法，由处理产生的“秩变异平方和”为：

$$\sum_{i=1}^{k} b(\bar{R}_i - \frac{k+1}{2})^2$$

当原假设 $H_0$ 为真时，$\sum_{i=1}^{k} b(\overline{R}_i - \frac{k+1}{2})^2$ 应该比较小。反之，若该平方和较大，则为拒绝原假设提供了有力证据。

将这个平方和除以秩的整体平均平方和，就得到了 Friedman 秩和检验的统计量：

$$Q = \frac{12n}{k(k+1)} \sum_{i=1}^{k} (\overline{R}_i - \frac{k+1}{2})^2$$

当原假设为真时，$Q$ 服从自由度为 $k-1$ 的 $\chi^2$ 分布，通过计算软件很容易计算出对应的 $P$ 值。

当数据有相同秩（出现结）时，对 $Q$ 可进行如下修正：

$$Q_c = \frac{Q}{1 - \frac{\sum_{i=1}^{g} (\tau_i^3 - \tau_i)}{bk(k^2 - 1)}}$$

其中，$\tau_i$ 为第 $i$ 个结的长度，$g$ 为结的个数。

R 软件中提供了关于 Friedman 秩和检验的函数 friedman. test( )，其使用方法如下：

friedman. test( y, …)

friedman. test( y, groups, blocks, …)

friedman. test( formula, data, subset, na. action, …)

其中，y 是数据构成的向量或矩阵；groups 是与 y 长度相同的向量，其内容表示 y 的分组情况；blocks 是与 y 有同样长度的向量，表示 y 的水平。当 y 是矩阵时，groups 和 blocks 无效。其他参数的使用方法见 R 软件的在线帮助。

## 四、实验项目

美国三大汽车公司（A、B、C 三种处理）的五种不同车型的汽车油耗数据如下：

**表 5-1　五种不同车型的汽车油耗数据**　　单位：L/100km

| 公司＼车型 | Ⅰ | Ⅱ | Ⅲ | Ⅳ | Ⅴ |
|---|---|---|---|---|---|
| A | 20. 3 | 21. 2 | 18. 2 | 18. 6 | 18. 5 |
| B | 25. 6 | 24. 7 | 19. 3 | 19. 3 | 20. 7 |
| C | 24. 0 | 23. 1 | 20. 6 | 19. 8 | 21. 4 |

试利用 Friedman 秩和检验分析不同公司各种车型的汽车油耗是否存在差异（$\alpha = 0.05$）（数据详见附录二二维码 5. 1. 1. txt）。

我们先读入数据，并观察数据的分布特征。在 R 软件中运行以下代码：

R 代码

```
w<-read.table("D:/data/5.1.1.txt")
source("outline.R")
outline(t(w))
```

其中，outline. R 为编写的一个小程序：

```
outline<- function(x,txt=TRUE){
if (is.data.frame(x)== TRUE)
x<- as.matrix(x)
m<- nrow(x); n<- ncol(x)
plot(c(1,n),c(min(x),max(x)),type="n",
main="The outline graph of Data",
xlab="Number",ylab="Value")
for(i in 1:m){
lines(x[i,],col=i)
if (txt== TRUE){
k<- dimnames(x)[[1]][i]
text(1+(i-1)%%n,x[i,1+(i-1)%%n],k)
}
}
}
```

R 输出

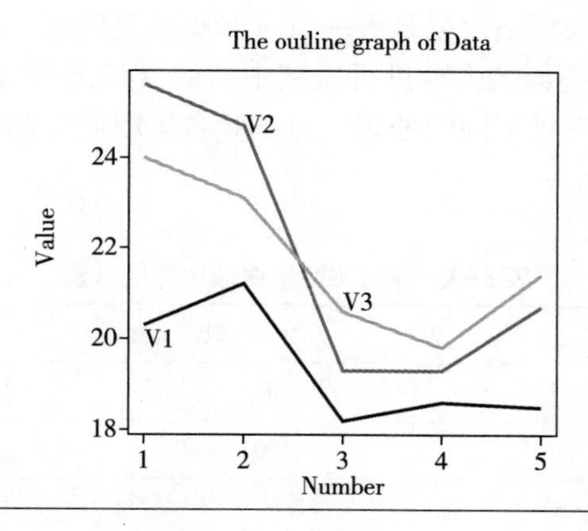


根据折线图体现的数据分布特征可知，不同的样本的位置参数可能不同，故选择假设形式：

$H_0$：五种不同车型的汽车油耗相同$\Leftrightarrow H_1$：五种不同车型的汽车油耗不完全相同

调用 friedman. test( ) 函数进行 Friedman 秩和检验：

R 代码

```
>friedman.test(as.matrix(t(w)))

Friedman rank sum test

data:  as.matrix(y)
Friedman chi-squared=10.1017,df=4,p-value=0.03875
```

根据检验的结果可知，对于任意大于 0.03875 的显著性水平，可以拒绝原假设，认为五种不同车型的汽车油耗不完全相同。

## 五、练习实验

（1）下面是 4 个机构对 12 种彩电的综合性能评价的排序结果：

**表 5-2 被评估的 12 种彩电（A~L）的排名**

| 评估机构 | A | B | C | D | E | F | G | H | I | J | K | L |
|---|---|---|---|---|---|---|---|---|---|---|---|---|
| Ⅰ | 12 | 9 | 2 | 4 | 10 | 7 | 11 | 6 | 8 | 5 | 3 | 1 |
| Ⅱ | 10 | 1 | 3 | 12 | 8 | 7 | 5 | 9 | 6 | 11 | 4 | 2 |
| Ⅲ | 11 | 8 | 4 | 12 | 2 | 10 | 9 | 7 | 5 | 6 | 3 | 1 |
| Ⅳ | 9 | 1 | 2 | 10 | 12 | 6 | 7 | 4 | 8 | 5 | 11 | 3 |

检验这四个评估机构的评估效果是否一致（数据详见附录二二维码 5.1.2.txt）。

（2）在不同的城市对不同的人群进行血液中铅的含量的检测：一共有 A、B、C 三个汽车密度不同城市代表着三种不同的处理，对试验者按职业分四组取血，他们血液中铅的含量如下：

**表 5-3 四组实验者血液中铅的含量** 单位：μg/100mL

| 城市（处理） | 职业（区组） | | | |
|---|---|---|---|---|
| | Ⅰ | Ⅱ | Ⅲ | Ⅳ |
| A | 80 | 100 | 51 | 65 |
| B | 52 | 76 | 52 | 53 |
| C | 40 | 52 | 34 | 35 |

检验三个城市人群的血液中铅的含量是否相等（数据详见附录二二维码 5.1.3.txt）。

# 实验二 Page 检验

## 一、实验目的

掌握完全区组设计实验数据的 Page 检验的方法；学习如何利用 R 软件对区组设计数据进行 Page 检验。

## 二、实验内容

根据所提供的统计数据，采用 R 软件进行 Page 检验。

## 三、准备知识

类似于多样本问题，如果我们想知道区组设计中总体位置参数是否有递增趋势，则假设检验的问题为：

$$H_0: \theta_1 = \cdots = \theta_k \Leftrightarrow H_1: \theta_1 \leqslant \cdots \leqslant \theta_k$$

我们以 $R_{ij}$ 表示在第 $j$ 个区组中的秩，以 $R_{i+} = \sum_{j=1}^{b} R_{ij}$ 表示处理 $i$ 在各个区组中的秩和。当 $H_1$ 成立时，由于随着 $i$ 的增加，处理效应增大，故 $R_{i+}$ 也应该增大。注意到 $\sum_{i=1}^{k} R_{i+} = \sum_{i,j} R_{ij} = \frac{bk(k+1)}{2}$ 是一个常数。基于这一思想，Page 于 1963 年提出了统计量 $P = \sum_{i=1}^{k} iR_{i+}$ 来检验上面所提出的假设。其中每一项乘以 $i$ 的意义在于可以放大备择假设 $H_1$ 的效果（如果 $H_1$ 是正确的）。

如果总体分布为连续分布，没有打结，则该检验是和总体分布无关的。

当 $k$ 固定，而 $b$ 趋于无穷时，在原假设下有正态近似：

$$Z_L = \frac{L - \mu_L}{\sigma_L^2} \to N(0, 1)$$

其中，$\mu_L = \frac{bk\,(k+1)^2}{4}$；$\sigma_L^2 = \frac{b\,(k^3 - k)^2}{144(k-1)}$。

在区组内如果存在打结的情况，$\sigma_L^2$ 可以修正为：

$$\sigma_L^2 = k(k^2 - 1)\frac{bk(k^2 - 1) - \sum_i \sum_j (\tau_{ij}^3 - \tau_{ij})}{144(k-1)}$$

其中，$\tau_{ij}$ 为第 $j$ 个处理、第 $i$ 个结中观测值的个数。

Page 检验同样适用于完全区组设计。

在 R 软件中，我们可以采用大样本下近似统计量，自己编写 R 程序进行检验，也可以从 R 网站上直接下载 concord. zip 软件包，安装后通过调用 page. trend. test( ) 函数直接检验。

## 四、实验项目

美国三大汽车公司（A、B、C 三种处理）的五种不同车型的汽车油耗数据如下：

表 5-4　五种不同车型的汽车油耗数据　　单位：L/100km

| 公司 | Ⅰ | Ⅱ | Ⅲ | Ⅳ | Ⅴ |
|---|---|---|---|---|---|
| A | 20. 3 | 21. 2 | 18. 2 | 18. 6 | 18. 5 |
| B | 25. 6 | 24. 7 | 19. 3 | 19. 3 | 20. 7 |
| C | 24. 0 | 23. 1 | 20. 6 | 19. 8 | 21. 4 |

试利用 Page 检验分析不同公司的汽车油耗是否存在递增趋势或递减趋势（$\alpha=0.05$）（数据详见附录二二维码 5. 1. 1. txt）。

先读入数据，并观察数据的分布特征。在 R 软件中运行以下代码：

R 代码

```
w<-read.table("D:/data/5.1.1.txt")
source("outline.R")
outline(t(w))
```

R 输出

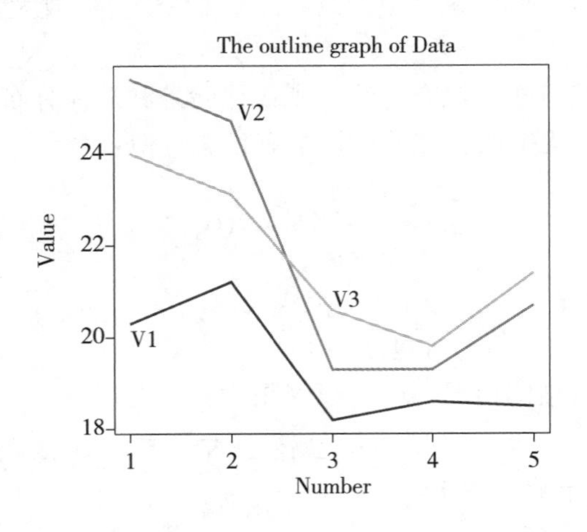

根据数据的分布特征可知，不同样本的位置参数可能存在递增趋势，故我们选择假设形式：

$$H_0: \theta_1 = \cdots = \theta_k \Leftrightarrow H_1: \theta_1 \leqslant \cdots \leqslant \theta_k$$

根据以上正态统计量计算公式，我们可以简单编写以下命令来计算相应的 $L$ 值、$Z$ 值和 $P$ 值。

执行 Page 检验：

R 代码
```
x=t(w);
rd=apply(x,1,rank)
R=apply(rd,1,sum);
L=sum(R*1:length(R));k=dim(x)[2];
b=dim(x)[1]
m=b*k*(k+1)^2/4;
s=sqrt(b*(k^3-k)^2/144/(k-1));
Z=(L-m)/s
pvalue=pnorm(Z,low=F)
```

R 输出
```
>pvalue
[1] 0.005706018
```

由检验的 $P$ 值可知，在显著性水平大于 0.005706018 的条件下，可以拒绝原假设，认为以上三家公司生产的汽车油耗存在递增趋势。

## 五、练习实验

（1）在不同的城市对不同的人群进行血液中铅的含量的检测：一共有 A、B、C 三个汽车密度不同的城市代表着三种不同的处理，对试验者按职业分四组取血，他们血液中铅的含量如下：

**表 5-5 四组实验者血液中铅的含量** 单位：μg/100mL

| 城市（处理） | 职业（区组） | | | |
|---|---|---|---|---|
| | Ⅰ | Ⅱ | Ⅲ | Ⅳ |
| A | 80 | 100 | 51 | 65 |
| B | 52 | 76 | 52 | 53 |
| C | 40 | 52 | 34 | 35 |

检验三个城市人群的血液中铅的含量是否存在递增或递减趋势（数据详见附录二二维码 5.1.3.txt）。

（2）某地区保险公司在一段时间内对不同受教育程度（小学及以下、初中、高中、大学及以上）的开车人的赔保次数（从未赔过、赔过一次、赔过两次及以上）的统计数情况如下：

**表 5-6 不同受教育程度开车人的赔保次数** 单位：次

| 赔保次数 | 受教育程度 | | | |
|---|---|---|---|---|
| | 小学及以下 | 初中 | 高中 | 大学及以上 |
| 从未赔过 | 281 | 130 | 50 | 30 |
| 赔过一次 | 256 | 90 | 10 | 5 |
| 赔过两次及以上 | 107 | 30 | 6 | 4 |

检验随着受教育程度的升高，赔保次数是否存在递增或递减趋势，随着赔保次数的增加历史开车人的受教育程度是否存在递增或递减趋势（数据详见附录二二维码 5.2.1.txt）。

# 实验三 Cochran 检验

## 一、实验目的

掌握完全区组设计实验数据的 Cochran 检验方法；学习如何利用 R 软件对区组设计数据进行 Cochran 检验。

## 二、实验内容

根据所提供的统计数据，采用 R 软件进行 Cochran 检验。

## 三、准备知识

社会经济中的一些数据经常以序数的形式出现，尤其是政治方面的民意调查或者市场调查中顾客的信息反馈，需要被调查者在某个问题中圈定等级，回答“是”或“否”，不管怎样，只要使获得的数据（即使是属性的）能以两种方式归类就可以对其进行 Cochran 检验。如果完全区组设计的观察值仅取两个值之一，如“是”与“否”、“+”与“-”、“成功”与“失败”等，通常以 1 表示“成功”，0 表示“失败”，于是每一个区组由 $k$ 个 0 或 1 构成。这种情况是完全区组设计的一种特殊情况。对于一般情况，令 $k$ 为处理数，$b$ 为区组数，用 $L_j$ 表示第 $j$ 个区组内“成功”的次数（1 的个数），用 $B_i$ 表示第 $i$ 种处理中

“成功”的次数（1 的个数），若想检验各种处理的反应是否有差异，可以用有结的 Friedman 检验统计量来处理，即 Cochran 于 1950 年引入的检验统计量：

$$\text{Cochran } Q_c = \frac{k(k-1)\cdot\sum_{i=1}^{k}\left(B_i - \frac{1}{k}\sum_{i=1}^{k}B_i\right)^2}{k\sum_{j=1}^{b}L_j - \sum_{j=1}^{b}L_j^2}$$

运用 Cochran Q 检验时只有当列数 $b$ 不太小时，Q 的抽样分布才近似于 $df=k-1$ 的 $\chi^2$ 分布。但是，$b$ 的最小数值目前并没有明确说明，使用者采用时视具体问题而定。此外，Cochran Q 检验适用于定类尺度测量的数据，其他测量层次的数据也可以运用，但需要将数据转化为两类。

在 R 软件中没有提供直接进行 Cochran Q 检验的函数，读者可以通过自己编写简单的程序计算 Cochran 检验统计量及其对应的 $P$ 值。

## 四、实验项目

按照某一项调查，20 名选民对某三个候选人的态度（答案只有“同意”或“不同意”两种）为：

**表 5-7 20 名选民对候选人的态度**

| 候选人 | 20 名选民对候选人的态度（“同意”为 1，“不同意”为 0） | | | | | | | | | | | | | | | | | | | |
|---|---|---|---|---|---|---|---|---|---|---|---|---|---|---|---|---|---|---|---|---|
| A | 1 | 1 | 0 | 0 | 0 | 0 | 1 | 0 | 0 | 0 | 1 | 0 | 0 | 1 | 1 | 0 | 0 | 1 | 1 | 1 |
| B | 0 | 1 | 1 | 0 | 1 | 0 | 1 | 1 | 0 | 0 | 0 | 1 | 0 | 0 | 0 | 1 | 0 | 0 | 0 | 1 |
| C | 0 | 0 | 1 | 1 | 1 | 1 | 0 | 0 | 0 | 0 | 1 | 0 | 1 | 1 | 1 | 1 | 1 | 0 | 1 | 0 |

选民对三个候选人的态度是否相同？（数据详见附录二二维码 5.3.1.txt）

选择假设检验的形式为：

$H_0$：选民对三个候选人的态度相同 $\Leftrightarrow H_1$：选民对三个候选人的态度不同

检验过程如下。在 R 软件中运行以下代码：

R 代码

```
x<-read.table("D:/data/5.3.1.txt")
n=apply(x,2,sum);
N=sum(n);
L=apply(x,1,sum)
k=dim(x)[2]
Q=(k+(k-1)*sum((n-mean(n))^2))/(k*N-sum(L^2))
```

R 代码

```
>pvalue
[1] 0.1574281
```

根据计算得到的 $P$ 值可知，在显著性水平大于 0.1574281 的条件下，可以拒绝原假设，认为选民对三个候选人的态度存在显著差异。

## 五、练习实验

（1）为考察甲、乙、丙三名推销员的推销能力，设计实验，让推销员向指定的 12 位客户推销商品，若顾客对推销员的推销服务满意，就给 1 分，否则给 0 分，所得结果如下：

**表 5-8　2 位客户对三名推销员的推销服务的满意程度**

| | 客户的满意程度 | | | | | | | | | | | |
|---|---|---|---|---|---|---|---|---|---|---|---|---|
| | 1 | 2 | 3 | 4 | 5 | 6 | 7 | 8 | 9 | 10 | 11 | 12 |
| 甲推销员 | 1 | 1 | 1 | 1 | 1 | 1 | 0 | 0 | 1 | 1 | 1 | 0 |
| 乙推销员 | 0 | 1 | 0 | 1 | 0 | 0 | 0 | 1 | 0 | 0 | 0 | 0 |
| 丙推销员 | 1 | 0 | 1 | 0 | 0 | 1 | 0 | 1 | 0 | 0 | 0 | 1 |

试利用 Cochran 检验判断三名推销员的推销效果是否相同①（$\alpha=0.05$）（数据详见附录二二维码 5. 3. 2. txt）。

（2）15 名顾客对三种电信服务的评价如下：

**表 5-9　15 名顾客对三种电信服务的评价**

| 候选人 | 15 名顾客的评价（“满意”为 1，“不满意”为 0） | | | | | | | | | | | | | | |
|---|---|---|---|---|---|---|---|---|---|---|---|---|---|---|---|
| A | 1 | 1 | 1 | 1 | 1 | 1 | 1 | 1 | 0 | 1 | 1 | 1 | 1 | 1 | 0 |
| B | 1 | 0 | 0 | 0 | 1 | 1 | 0 | 1 | 0 | 0 | 0 | 1 | 1 | 1 | 1 |
| C | 0 | 0 | 0 | 1 | 0 | 0 | 0 | 0 | 0 | 0 | 0 | 1 | 0 | 0 | 0 |

请检验顾客对三种服务的评价是否是随机做出的（数据详见附录二二维码 5. 3. 3. txt）。

# 实验四　Durbin 检验

## 一、实验目的

掌握不完全区组设计实验数据的 Durbin 检验方法；学习如何利用 R 软件对区组设计数据进行 Durbin 检验。

## 二、实验内容

根据所提供的统计数据，采用 R 软件进行 Durbin 检验。

① 王星. 非参数统计［M］. 北京：中国人民大学出版社，2005.

## 三、准备知识

前面的检验方法都是基于完全区组设计而给出的，但是实际中受试验条件的限制，多采用不完全区组设计，而 Durbin 检验就是基于此给出的非参数检验方法。

记 $X_{ij}$ 表示第 $i$ 个处理和第 $j$ 个区组中的观察值，由于并不是每一个格子都有观察值，故这种表示只是一种记号。此外，记 $R_{ij}$ 为 $X_{ij}$ 在同一区组中的秩（如果 $X_{ij}=0$，则记 $R_{ij}=0$），则 $R_{ij}\in\{1,2,\cdots,t\}$。记 $R_i=\sum_{j=1}^{b}R_{ij}(i=1,2,\cdots,k)$。当 $H_0$ 成立时，$k$ 个处理的秩和应该是非常接近的。而当 $H_1$ 成立时，处理效应较大，其秩和应该倾向于大，于是每个处理秩和与其总平均 $\frac{1}{k}\sum_{i=1}^{k}R_{i+}=\frac{1}{k}\sum_{i,j}R_{ij}=\frac{r(t+1)}{2}$ 之差应趋向于大。这样就可以利用统计量 $\sum_{i=1}^{k}\left[R_{+j}-\frac{r(t+1)}{2}\right]^2$ 作为以上假设问题的检验统计量。考虑到它的分布，Durbin 于 1951 年提出了检验统计量为：

$$D=\frac{12(k-1)}{rk(t^2-1)}\sum_{i=1}^{k}\left[R_{+j}-\frac{r(t+1)}{2}\right]^2$$

我们称之为 Durbin 检验统计量。

如果存在打结的情况，且结数目较大时，需要对上面的公式进行修正，修正后的公式为：

$$D=\frac{(k-1)\sum_{i=1}^{k}\left\{R_i-\frac{r(t+1)}{2}\right\}^2}{A-C}$$

其中，

$$A=\sum_{i=1}^{k}\sum_{j=1}^{b}R_{ij}^2;\ C=\frac{bt\ (t+1)^2}{4}$$

在 R 软件中没有提供直接进行 Durbin 检验的函数时，读者可以通过自己编写简单的程序计算 Durbin 检验统计量及其对应的 $P$ 值。

## 四、实验项目

某养殖场用四种饲料喂养猪，为检测四种饲料的养猪效果，用以比较饲料的质量，选四头母猪所生的小猪进行试验，每种饲料选体重相当者三头小猪。三个月后测量得到所有小猪增加的体重（磅）如下表，试比较四种饲料品质有无差异（数据详见附录二二维码 5.4.1.txt）。

**表 5-10　四种饲料喂养下猪的体重**　　单位：磅

| 饲料 | 组别 | | | |
|---|---|---|---|---|
| | Ⅰ | Ⅱ | Ⅲ | Ⅳ |
| A | 73 | 74 | — | 71 |

续表

| 饲料 | 组别 | | | |
|---|---|---|---|---|
| | Ⅰ | Ⅱ | Ⅲ | Ⅳ |
| B | — | 75 | 67 | 72 |
| C | 74 | 75 | 68 | — |
| D | 75 | — | 72 | 75 |

选择的假设形式为：

$H_0$：四种饲料品质无差异 $\Leftrightarrow H_1$：四种饲料品质有差异

在 R 软件中运行以下代码：

```
R 代码
x<-read.table("D:/data/5.4.1.txt")
d=x
k=max(d[,2]);
b=max(d[,3]);
t=length(d[d[,3]==1,1]);
r=length(d[d[,2]==1,1])
R=d;
for(i in 1:b) R[d[,3]==i,1]=rank(d[d[,3]==i,1]);
RV=NULL;
for(i in 1:k) RV=c(RV,sum(R[R[,2]==i,1]));
D=12*(k-1)/(r*k*(t^2-1))*sum((RV-r*(t+1)/2)^2)
pvalue.chi=pchisq(D,k-1,low=F)
```

```
R 代码
>pvalue.chi
[1] 0.07391677
```

根据计算得到的 $P$ 值可知，在显著性水平大于 0.07391677 的情形下，可以拒绝原假设，认为以上四种饲料的品质存在显著差异。

对于有打结的情况，可以用下面的代码得到检验统计量 $D$ 及其 $P$ 值。

```
R 代码
A=sum(R[,1]^2;
C=b*t*(t+1)^2/4;
D=(k-1)*sum((RV-r*(t+1)/2)^2/(A-C)
pvalue.chi=pchisq(D,k-1,low=F)
```

## 五、练习实验

（1）某养殖场用四种饲料喂养对虾，在四种盐分不同的水质中同样面积的收入如下：

**表 5-11　对虾在四种盐分不同的水质中同样面积的收入**　　单位：千元

| 饲料 | 盐分 | | | |
|---|---|---|---|---|
| | Ⅰ | Ⅱ | Ⅲ | Ⅳ |
| A | 3.5 | 2.9 | 3.7 | — |
| B | 3.7 | 3.1 | — | 4.4 |
| C | 4.1 | — | 4.9 | 5.8 |
| D | — | 4.5 | 5.7 | 5.9 |

请分析盐分和饲料如何影响收入（数据详见附录二二维码 5.4.2.txt）。

（2）五种路况和五种汽车的油耗如下：

**表 5-12　五种路况和五种汽车的油耗**　　单位：公里/升

| 路况 | 汽车种类 | | | | |
|---|---|---|---|---|---|
| | Ⅰ | Ⅱ | Ⅲ | Ⅳ | Ⅴ |
| A | — | 35 | 30 | 25 | 15 |
| B | 32 | 25 | — | 21 | 12 |
| C | 22 | — | 17 | 12 | 9 |
| D | 15 | 12 | 11 | 10 | — |
| E | 9 | 9 | 8 | — | 5 |

试分析汽车种类和路况对油耗有没有影响（数据详见附录二二维码 5.4.3.txt）。

第六章

# 尺度检验

前面的章节介绍了位置参数的非参数检验，对于一个感兴趣的总体还会涉及二阶矩尺度是否相同的问题，为此本章将介绍对于两个或多个总体尺度是否相同的非参数检验，这些方法依然不依赖于总体分布，具有很强的稳健性，在总体分布未知的情况下是不错的选择。

# 实验一 两独立样本的 Siegel-Tukey 方差检验

## 一、实验目的

掌握两独立样本的尺度参数的 Siegel-Tukey 方差检验的方法；学习如何利用 R 软件对两独立样本数据进行 Siegel-Tukey 方差检验。

## 二、实验内容

根据所提供的统计数据，采用 R 软件进行 Siegel-Tukey 方差检验。

## 三、准备知识

Siegel-Tukey 方差检验是 Siegel 和 Tukey 于 1960 年提出的用于两样本尺度参数检验的一类非参数统计方法。适用于来自两个位置参数相等的总体的两个独立样本。其统计量利用了 Wilcoxon 秩和统计量（Mann-Whitney 统计量）。其检验问题可以表述如下：

假定有两个独立样本 $X_1, X_2, \cdots, X_m \sim F\left(\frac{x-\theta_1}{\sigma_1}\right)$ 和 $Y_1, Y_2, \cdots, Y_n \sim F\left(\frac{y-\theta_2}{\sigma_2}\right)$。

这里假定 $F(\cdot)$ 为连续函数，$F(0)=1/2$（其中位数为 0）。此外，还假定两个总体的位置参数相等，即 $\theta_1=\theta_2$。

此时，检验的假设可以表述为：

$H_0$：样本来自同一总体分布⇔ $H_1$：样本来自同一总体分布，仅方差不同

或者表述为：

$$H_0: \sigma_1=\sigma_2 \Leftrightarrow H_1: \sigma_1>\sigma_2$$

该检验的主要思想为：如果一个总体方差比较大，样本点一定散布得较远，那么它的最大值和最小值之间的差异会比较大。将两个总体的样本混合排序以后，分散程度大的总体的样本可能会排在首尾，可能的秩和较小，而分散程度较小的可能排在中位数左右。因此这里的秩不是按大小排列，而是按散布远近排列。

检验步骤：

（1）把两个样本的混合按升幂排序。

（2）记最小的一个秩为 1，最大的和次大的秩分别定义为 2 和 3，再回到小端定义第二、第三小的秩分别为 4，5，如此从一端跳到另一端，每端按从外到内的顺序取两个秩，直到所有的点都分配了秩为止。具体的分配情况如下所示：

表 6-1 顺序统计量秩的分配情况

| 顺序统计量 | $X_{(1)}$ | $X_{(2)}$ | $X_{(3)}$ | … | $X_{(n-3)}$ | $X_{(n-2)}$ | $X_{(n-1)}$ | $X_{(n)}$ |
|---|---|---|---|---|---|---|---|---|
| 秩 | 1 | 4 | 5 | … | 7 | 6 | 3 | 2 |

（3）按照 Wilcoxon 秩和检验的方法分别对这两个样本的秩求和，记为 $W_x$，$W_y$；进而求出：

$$W_{xy} = W_y - \frac{n(n+1)}{2}$$

$$W_{yx} = W_x - \frac{m(m+1)}{2}$$

（4）利用 Mann-Whitney 统计量的分布得到 $P$ 值。

若一个样本秩和很少，说明其具有较多的离两端近的观测值，也就是说方差相对较大，则原假设可能不对；若两个样本位置相差太远，则显然不能直接利用 Siegel-Tukey 检验，此时要先估计出两样本中心的差 $M_x - M_y$，再把一个样本平移以使其中心相同。

在 R 软件中没有提供关于 Siegel-Tukey 检验的函数，但是可以根据统计量的定义编写程序得出精确的以及大样本情形下近似的统计量以及 $P$ 值。

## 四、实验项目

为了研究某地区行业间收入差距，某调查公司分别对两个行业收入进行了调查，得到了第一个行业 17 个数据，第二个行业 15 个数据（详见表 3-3），前面的分析中我们已经指出两个数据中心是不同的，本实验我们将对数据的尺度是否相同进行统计学意义上的检验。在进行分析之前，先对数据进行初步描述性分析，绘制数据的箱线图（数据详见附录二二维码 6.1.1.txt）。在 R 软件中执行代码：

R 代码

```
z= read.table("D:/data/6.1.1.txt")
x=z[z[,2]==1,1]
y=z[z[,2]==2,1]
boxplot(x,y,z[,1])
```

R 输出

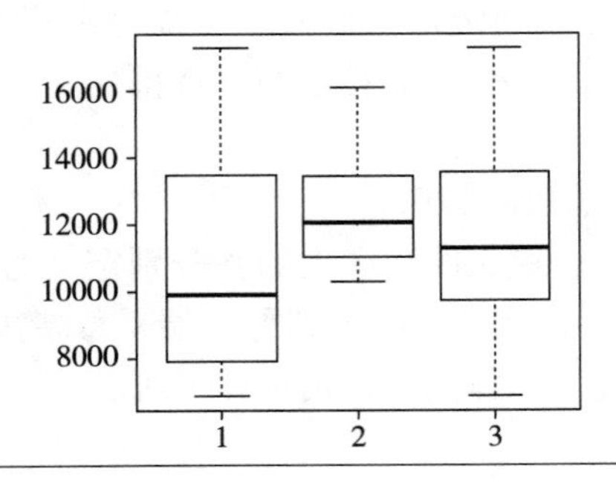

数据箱线图显示出两组数据具有不同的中心位置，同时数据的收敛情况即尺度是不相同的。在对数据进行尺度检验时经典统计学提供了研究方法，但是其使用的前提条件是数据来源于正态总体，所以在进行检验之前首先应该检查一下数据是否来自于正态总体。这里使用最简单的绘制直方图的方法。

绘制行业 1 的直方图和密度曲线：

R 代码

```
hist(x,freq=F,main="直方图和密度曲线")
lines(density(x))
```

R 输出

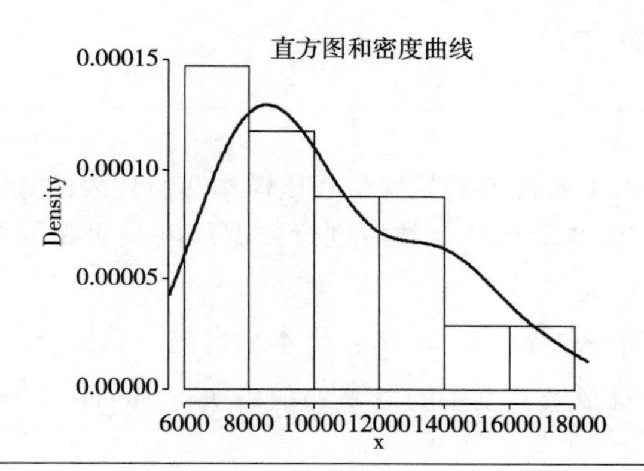


绘制行业 2 的直方图和密度曲线：

R 代码

```
hist(y,freq=F,main="直方图和密度曲线")
lines(density(y)
```

R 输出

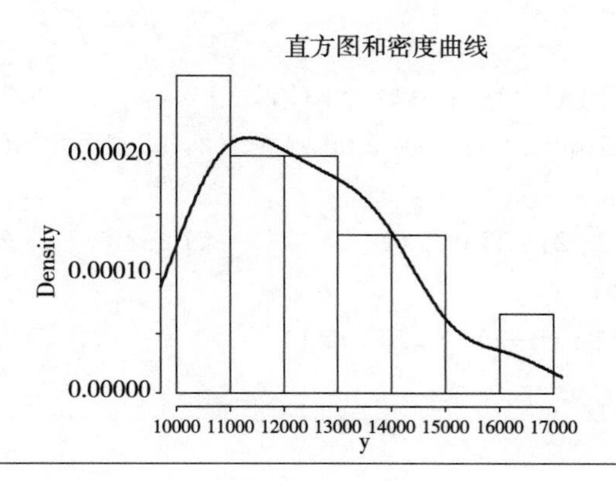

由绘制的直方图可知，这两组数据明显具有偏态性。所以数据源于对称的正态总体的可能性很小，为了使检验结果更具可信性和稳健性，此处放弃了使用经典的正态假设下的检验方法，而使用本实验介绍的尺度检验方法进行检验。该检验的前提条件要求两组数据具有相同的中心。前面已经提到两组数据的中心是不同的，因此，此处应该先估计出两组数据中心的差异。

计算中位数差：

R 代码
```
median(outer(x,y,"-"))
```

R 输出
```
>median(outer(x,y,"-"))
[1] -2479
```

估计结果显示，样本 1 所代表的数据中心比样本 2 所代表的数据中心要少 2479。因此将样本 1 整体向右挪动 2479 个单位，然后进行数据尺度是否相同的统计学检验。这里选择假设形式：

$H_0$：样本来自同一总体分布 $\Leftrightarrow H_1$：样本来自同一总体分布，但方差不同

在 R 软件中计算统计量及其发生的概率 $P$ 值。执行 Siegel-Tukey 检验：

R 代码
```
x=read.table("D:/data/6.1.1.txt")
y=x[x[,2]==2,1];
x=x[x[,2]==1,1];
x1=x-median(outer(x,y,"-"))
xy=cbind(c(x1,y),c(rep(1,length(x)),rep(2,length(y))))
xy1=xy[order(xy[,1]),];
z=xy[,1];n=length(z)
a1=2:3;
b=2:3;
for(i in seq(1,n,2)){b=b+4;a1=c(a1,b)}
a2=c(1,a1+2);z=NULL;for(i in 1:n)z=c(z,(i-floor(i/2)))
b=1:2;
for(i in seq(1,(n+2-2),2))if(z[i]/2! =floor(z[i]/2)){z[i:(i+1)]=b;
b=b+2}
zz=cbind(c(0,0,z[1:(n-2)]),z[1:n])
if(n==1)R=1;
```

```
if(n==2)R=c(1,2);
if(n>2)R=c(a2[1:zz[n,1]],rev(a1[1:zz[n,2]]))
xy2=cbind(xy1,R);
Wx=sum(xy2[xy2[,2]==1,3]);
Wy=sum(xy2[xy2[,2]==2,3])
nx=length(x);ny=length(y);
Wxy=Wy-0.5*ny*(ny+1);
Wyx=Wx-0.5*nx*(nx+1)
pvalue=pwilcox(Wyx,nx,ny)
cat(pvalue,Wy,Wxy ,Wx,Wyx,"\n")
```

```
R 输出
>cat(pvalue,Wy ,Wxy ,Wx,Wyx,"\n")
0.02428558 300 180 228 75
```

输出的结果显示统计量 $S=75$，其发生的概率 $P$ 值等于 0.02428558，所以在显著性水平大于 0.02428558 的情况下，我们拒绝原假设，认为样本数据来自于同一总体分布，但方差不同。

## 五、练习实验

改革开放以来中国经济出现了高速增长，但是东西部地区的增长水平存在差异，数据文件中收集了两个不同地区同一年份的 GDP 数据①，请对两个地区间的 GDP 是否源于相同分布进行检验。假定 GDP 数据源自具有相近形态的分布，仅位置参数和尺度参数可能不同，其中要求使用 Siegel-Tukey 检验对尺度参数是否相同进行检验（数据详见附录二二维码 6.1.2.txt）。

# 实验二　两独立样本尺度参数的 Mood 检验

## 一、实验目的

掌握两样本尺度参数的 Mood 检验方法；学习如何利用 R 软件对两样本数据进行 Mood 检验。

① 吴喜之. 非参数统计学［M］. 北京：中国统计出版社，2009.

## 二、实验内容

根据所提供的统计数据，采用 R 软件进行 Mood 检验。

## 三、准备知识

类似于 Siegel-Tukey 方差检验，我们同样假定两个独立同分布的样本 $X_1$，$X_2$，…，$X_m \sim F\left(\frac{x-\theta_1}{\sigma_1}\right)$ 和 $Y_1$，$Y_2$，…，$Y_n \sim F\left(\frac{y-\theta_2}{\sigma_2}\right)$，这里 $F(\cdot)$ 为连续的分布函数，$F(0)=1/2$。并假定两个总体的位置参数是相等的，即 $\theta_1=\theta_2$。此时，假设检验的问题为：

$$H_0:\ \sigma_1=\sigma_2 \Leftrightarrow H_1:\ \sigma_1\neq\sigma_2$$

$$H_0:\ \sigma_1=\sigma_2 \Leftrightarrow H_1:\ \sigma_1<\sigma_2$$

$$H_0:\ \sigma_1=\sigma_2 \Leftrightarrow H_1:\ \sigma_1>\sigma_2$$

为了对上面的假设做出检验，我们先将两个总体的样本混合并排序，得两样本的秩，分别记为：

总体 $X$：$R_{11}$，$R_{12}$，$R_{13}$，…，$R_{1m}$

总体 $Y$：$R_{21}$，$R_{22}$，$R_{23}$，…，$R_{2n}$

把两个总体样本观测值的混合秩看成分组变量，则混合秩的总离差平方和为：

$$M_{\text{混合}}=\sum_{i=1}^{m}(R_{1i}-\frac{N+1}{2})^2+\sum_{j=1}^{n}(R_{2j}-\frac{N+1}{2})^2$$

考虑 Mood 秩统计量：

$$M=\sum_{i=1}^{m}(R_{1i}-\frac{N+1}{2})^2$$

如果 $X$ 的方差偏大，那么 $M$ 的值也应该偏大，对于大的 $M$ 可以考虑拒绝原假设。

在 R 软件中提供了直接进行 Mood 尺度秩检验的函数 mood.test()，具体用法为：

```
mood.test(x,y,alternative= c("two.sided","less","greater"),…)
mood.test(formula,data,subset,na.action,…)
```

其中，x，y 是观测变量；alternative 为备择假设形式，有双边检验和单边检验；formula 为形式为 lhs ~ rhs 的公式，这里 lhs 为数值型因变量，rhs 为取值为两水平的因子；data 为以上公式中的数据集。其他参数详见在线帮助文档。

## 四、实验项目

本数据包含了两组不同行业的收入数据①，前面的分析中我们已经指出两组数据的中

① 吴喜之. 非参数统计学［M］. 北京：中国统计出版社，2009.

心是不同的，本实验将对质量数据的尺度是否相同进行统计学意义上的检验。在进行分析之前，先对数据进行描述性分析，绘制数据的箱线图（数据详见附录二二维码 6. 1. 1. txt）在 R 软件中执行以下代码：

R 代码
```
z= read.table("D:/data/6.1.1.txt")
x=z[z[,2]==1,1]
y=z[z[,2]==2,1]
boxplot(x,y,z[,1])
```

R 输出

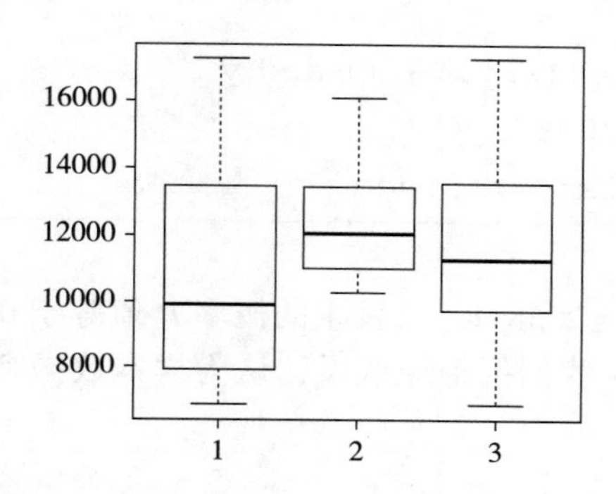


箱线图显示出两组数据具有不同的中心位置，同时显示出数据的收敛情况即尺度是不相同的。在对数据进行尺度检验时经典统计学提供了研究方法，但是其使用的前提条件是数据来源于正态总体，本章实验一通过直方图已经验证了该数据不来自于正态总体，所以本实验将使用 Mood 尺度秩检验对两组数据所代表的总体方差是否相同进行检验，在进行方差检验前要先估计两组数据的中心差值。

计算中位数差：

R 代码
```
median(outer(x,y,"-"))
```

R 输出
```
>median(outer(x,y,"-"))
[1] -2479
```

估计结果显示，样本 1 所代表的数据中心比样本 2 所代表的数据中心要少 2479。因此将样本 1 整体向右挪动 2479 个单位，进而对数据进行尺度是否相同的统计学检验。这里选择假设形式：

$H_0$：样本来自同一总体分布 ⇔ $H_1$：样本来自同一总体分布，但方差不同

在 R 软件中计算统计量及其发生的概率 $P$ 值，执行 Mood 尺度秩检验：

R 代码
```
mood.test(x-median(outer(x,y,"-")),y,conf.int=TRUE)
```

R 输出
```
>mood.test(x-median(outer(x,y,"-")),y,conf.int=TRUE)

    Mood two-sample test of scale

data:  x - median(outer(x,y,"-")) and y
Z=2.5891,p-value=0.009622
alternative hypothesis:two.sided
```

输出结果显示统计量 $Z=2.5891$，其发生的概率 $P$ 值等于 0.009622，所以在显著性水平大于 0.009622 的情况下，我们拒绝原假设，认为样本数据来自于同一总体分布，但方差不同。

## 五、练习实验

改革开放以来中国经济出现了高速增长，但是东西部地区的增长水平存在差异，数据文件中收集了两个不同地区同一年份的 GDP 数据①，请对两个地区间的 GDP 是否源于相同分布进行检验。假定 GDP 数据源自具有相近形态的分布，仅位置参数和尺度参数可能不同，其中要求使用 Mood 尺度秩检验对尺度参数是否相同进行检验（数据详见附录二二维码 6.1.2.txt）。

# 实验三　Ansari-Bradley 检验

## 一、实验目的

掌握两独立样本的尺度参数的 Ansari-Bradley 检验方法；学习如何利用 R 软件对两独立样本数据进行 Ansari-Bradley 检验。

① 吴喜之. 非参数统计学 [M]. 北京：中国统计出版社，2009.

## 二、实验内容

根据所提供的统计数据，采用 R 软件进行 Ansari-Bradley 检验。

## 三、准备知识

1. 两样本尺度参数的检验

Ansari-Bradley 检验是 Ansari 和 Bradley 于 1960 年提出的，假定两个独立同分布的样本 $X_1, X_2, \cdots, X_m \sim F\left(\frac{x-\theta_1}{\sigma_1}\right)$ 和 $Y_1, Y_2, \cdots, Y_n \sim F\left(\frac{y-\theta_2}{\sigma_2}\right)$，这里仍然假定 $F(\cdot)$ 为连续的分布函数而且中位数为 0。假定两个总体的位置参数是相等的，即 $\theta_1 = \theta_2$。和前面 Siegel-Tukey 方差检验一样，如果两样本中位数不相等，可以先估计出中位数之差，然后对它们进行平移，使得平移后中位数相等。

同样地，假设检验的问题为：

$$H_0: \sigma_1 = \sigma_2 \Leftrightarrow H_1: \sigma_1 \neq \sigma_2$$

$$H_0: \sigma_1 = \sigma_2 \Leftrightarrow H_1: \sigma_1 < \sigma_2$$

$$H_0: \sigma_1 = \sigma_2 \Leftrightarrow H_1: \sigma_1 > \sigma_2$$

这里检验的统计量是用 $X$ 和 $Y$ 在混合样本的秩到两个极端值中最近的一个秩的距离来度量的。如果 $H_1$ 为“$X$ 倾向于取两端的值”，则 $X$ 的样本点距两端的距离远，这种度量对于 $X$ 就大。

检验的具体统计量定义为：

$$A = \sum_{j=1}^{m} R_{1j}^* \equiv \sum_{j=1}^{m} \left(\frac{N+1}{2} - \left|R_{1j} - \frac{N+1}{2}\right|\right)$$

2. 多样本尺度参数的检验

设 $x_{i1}, \cdots, x_{in}$ 表示大小为 $n$ 的第 $i$ 个样本，其总体分布为 $F\left(\frac{x-\theta_1}{\sigma_1}\right)$，用 $R_{ij}$ 表示 $X_{ij}$ 在大小为 $N$ 的混合样本中的秩。并假定所有总体的位置参数都相等。

此时，假设检验可以表述为：

$$H_0: \sigma_1^2 = \cdots = \sigma_k^2 \Leftrightarrow H_1: \sigma_1^2, \cdots, \sigma_k^2 \text{ 不全相等}$$

检验过程中令：

$$\bar{A}_i = \frac{1}{n_i}\sum_{j=1}^{n_i}\left[\frac{N+1}{2} - \left|R_{ij} - \frac{N+1}{2}\right|\right]$$

则 $k$ 样本的检验统计量为：

$$B = \frac{N^3 - 4N}{48(N-1)}\sum_{i=1}^{k} n_i\left[\bar{A}_i - \frac{N+2}{4}\right]^2$$

在原假设下，检验统计量 $B$ 近似服从自由度为（$k-1$）的 $\chi^2$ 分布，则很容易根据计算软件计算出 $P$ 值。

在 R 软件中提供了 Ansari-Bradley 尺度检验的函数，其函数名为 ansari. test( )，用于两样本尺度参数是否相同的 Ansari-Bradley 检验。其用法如下：

ansari. test(x,y,alternative=c("two. sided","less","greater"),exact=NULL,conf. int=FALSE,conf. level=0. 95,…)

ansari. test(formula,data,subset,na. action,…)

其中，x，y 为观察值变量；alternative 为备择假设形式；exact 为逻辑变量，说明是否计算精确 $P$ 值；conf. int 为逻辑变量，指出是否提供置信区间；conf. level 指出置信区间的水平；formula 为形式为 lhs ~ rhs 的公式，这里 lhs 为数值型因变量，rhs 为取值为两水平的因子；data 为以上公式中的数据集。其他参数详见在线帮助文档。

## 四、实验项目

（1）本例使用的数据及分析过程与本章实验二相同。对于数据的探索性分析以及中心差异估计的计算由于篇幅所限在本处省略（数据详见附录二二维码 6. 1. 1. txt）。下面直接进行 Ansari-Bradley 检验。选择假设形式：

$$H_0: \sigma_1=\sigma_2 \Leftrightarrow H_1: \sigma_1 \neq \sigma_2$$

在 R 软件中计算统计量及其发生的概率 $P$ 值。执行 Ansari-Bradley 尺度检验：

R 代码

```
z= read.table("D:/data/3.1.1.txt")
x=z[z[,2]==1,1]
y=z[z[,2]==2,1]
ansari.test(x-median(outer(x,y,"-")),y)
```

R 输出

```
>ansari.test(x-median(outer(x,y,"-")),y)

    Ansari-Bradley test

data:  x - median(outer(x,y,"-")) and y
AB=70,p-value=0.02738
alternative hypothesis:true ratio of scales is not equal to 1
```

输出结果显示统计量 $AB=70$，其发生的概率 $P$ 值等于 0. 02738，所以在显著性水平大于 0. 02738 的情况下，我们拒绝原假设，认为样本数据来自于同一总体分布，但方差不同。

（2）本例模拟数据来自于两个均匀分布，第一个为（-1，1）上的均匀分布，第二个为（-2，2）上的均匀分布，每组数据样本量为20，下面对于这两组模拟数据进行 Ansari-Bradley 尺度检验。

执行 Ansari-Bradley 尺度检验：

R 代码

```
ansari.test(runif(20,-1,1),runif(20,-2,2),conf.int=TRUE)
```

R 输出

```
>>ansari.test(runif(20,-1,1),runif(20,-2,2),conf.int=TRUE)

    Ansari-Bradley test

data:  runif(20,-1,1) and runif(20,-2,2)
AB=226,p-value=0.4054
alternative hypothesis:true ratio of scales is not equal to 1
95 percent confidence interval:
0.5235858 1.4025778
sample estimates:
ratio of scales
     0.7779404
     0.4716898
```

输出结果显示统计量 $AB=226$，其发生的概率 $P$ 值等于 0.4054，所以无法拒绝原假设，检验结果与真实情况不同。同一组数据 Mood 检验拒绝了原假设，而此处 Ansari-Bradley 无法拒绝原假设，说明在该情况下，两种检验方法的效率不同。

## 五、练习实验

改革开放以来中国经济出现了高速增长，但是东西部地区的增长水平存在差异，数据文件中收集了两个地区同一年份的 GDP 数据，请对两个地区间的 GDP 是否源于相同分布进行检验。假定 GDP 数据源自具有相近形态的分布，仅位置参数和尺度参数可能不同，其中要求使用 Ansari-Bradley 尺度检验对尺度参数是否相同进行检验（数据详见附录二二维码 6. 1. 2. txt）。

# 实验四　Fligner-Killeen 检验

## 一、实验目的

掌握两个独立样本的尺度参数的 Fligner-Killeen 检验方法；学习如何利用 R 软件对两独立样本数据进行 Fligner-Killeen 检验。

## 二、实验内容

根据所提供的统计数据，采用 R 软件进行 Fligner-Killeen 检验。

## 三、准备知识

假定有 $k$ 个总体的随机样本，用 $X_{i1}$，$X_{i2}$，…，$X_{in_i}(i=1, 2, \cdots, k)$ 表示。其总体的分布为 $F(\frac{x-\theta_i}{\sigma_i})$，这里的原假设为：

$$H_0: \sigma_1^2=\sigma_2^2=\cdots=\sigma_k^2 \Leftrightarrow H_1: \text{不是所有的方差都相等}$$

Fligner-Killeen 检验的基本思想是具有大的尺度参数的总体所产生的观测值倾向远离共同的中位数。

记 $M$ 是所有混合样本组成的样本中位数，$V_{ij}=|X_{ij}-M|$。用 $R'_{ij}$ 表示 $V_{ij}=|X_{ij}-M|$ 在混合样本中的秩。在两样本情形下，检验的统计量为：

$$W=\sum_{j=1}^{n_1} R'_{1j}$$

在原假设下，$W$ 有 Wilcoxon 分布，可以用统计软件计算出 $P$ 值。在小样本的情形下，Fligner-Killeen 检验比 Ansari-Bradley 检验有更强的势。如果统计量 $K$ 非常大，应该拒绝原假设。

在大样本情况下，检验的统计量为：

$$K=\frac{12}{N(N+1)}\sum_{i=1}^{k} n_i\left(\overline{R}'_i-\frac{N+1}{2}\right)^2$$

其中，

$$\overline{R}'_i=\frac{1}{n_i}\sum_{j=1}^{n_i} R'_{ij}$$

在原假设下，$K$ 服从 Kruskal-Wallis 零分布，可以比较方便地计算出 $P$ 值。

在 R 软件中进行 Fligner-Killeen 尺度秩检验的函数为 fligner. test( )，具体使用方法如下：

```
fligner. test(x,g,…)
fligner. test(formula,data,subset,na. action,…)
```

其中，x 为样本变量；g 为对应于 x 的分组变量；formula 为形式为 lhs ~ rhs 的公式，这里 lhs 为数值型因变量，rhs 为取值为多水平的因子；data 为以上公式中的数据集。其他参数详见在线帮助文档。

## 四、实验项目

数据详见 R 软件 datasets 中 InsectSprays：农业试验单位为了验证不同杀虫剂的杀虫效果，对六种杀虫剂的杀虫效果进行了记录，每种杀虫剂得到 12 个样本数据，这里主要想考察杀虫剂杀虫效果的稳定性，也就是杀虫剂的尺度参数是否相同。

先认识数据①，将数据显示，一共包含 72 个数据，进而绘制箱线图。执行以下代码：

R 代码

```
InsectSprays
boxplot(count~spray,data=InsectSprays,xlab="Type of spray",ylab="
Insect count",
main="InsectSprays data",varwidth=TRUE,col="lightgray")
```

部分数据概览：

R 输出

```
>Insectspr ays
   count spr ay
1   10   A
2   7    A
3   20   A
4   14   A
5   14   A
6   12   A
7   10   A
8   23   A
9   17   A
10  20   A
11  14   A
12  13   A
13  11   B
14  17   B
```

① 该数据属于 R 软件内置数据，所以无须从外部将数据读入。

```
15    21    B
16    11    B
17    16    B
18    14    B
19    17    B
20    17    B
21    19    B
22    21    B
23    7     B
24    13    B
25    0     C
26    1     C
27    7     C
28    2     C
29    3     C
30    1     C
31    2     C
32    1     C
```

箱线图输出：

R 输出

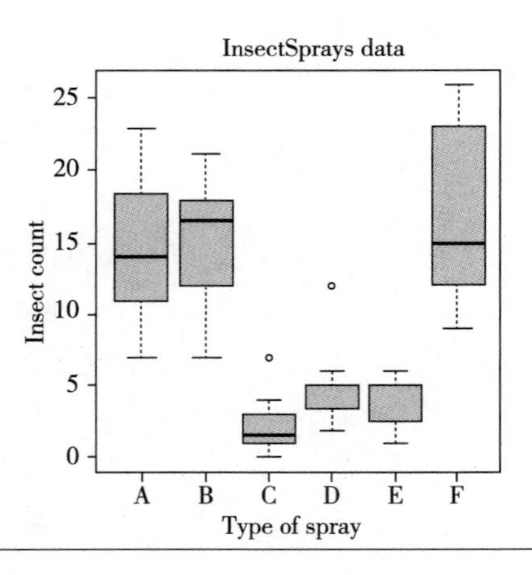


图形显示，不同组的数据中心和尺度均具有差异。为了得到统计学上的证据，下面对数据进行 Fligner-Killeen 检验。选择假设形式：

$$H_0: \sigma_1^2 = \sigma_2^2 = \cdots = \sigma_6^2 \Leftrightarrow H_1: \text{不是所有的方差都相等}$$

进而进行 Fligner-Killeen 检验，执行 Fligner-Killeen 检验：

R 代码

```
    fligner.test(InsectSprays $ count,InsectSprays $ spray)
```

或

```
    fligner.test(count ~ spray,data=InsectSprays)
```

R 输出

```
fligner.test(count ~ spray,data=InsectSprays)

   Fligner-Killeen test of
   homogeneity of variances

data:  count by spray
Fligner-Killeen:med chi-squared=
14.4828,df=5,p-value=0.01282
```

输出结果显示统计量 Fligner-Killeen = 14.4828，其发生的概率 $P$ 值等于 0.01282，所以拒绝原假设，认为六组数据方差不是全都相等。

## 五、练习实验

自改革开放以来中国经济出现了高速增长，但是东西部地区的增长水平存在差异，数据文件中收集了两个地区同一年份的 GDP 数据①，请对两个地区间的 GDP 是否源于相同分布进行检验。假定 GDP 数据源自具有相近形态的分布，仅位置参数和尺度参数可能不同，其中要求使用 Fligner-Killeen 检验对尺度参数是否相同进行检验（数据详见附录二二维码 6.1.2.txt）。

① 吴喜之. 非参数统计学［M］. 北京：中国统计出版社，2009.

# 第七章

# 秩相关分析

前面章节对于变量的分析都是以变量间相互独立为基础的，然而世界上很多事件是存在联系的，所以对于事件间的相关性进行分析是有意义的，也是统计分析中的一个重要内容。我们常用的 Pearson 相关系数，要求总体服从正态分布，同时只度量了线性相关关系。为了弥补这些缺陷，本章将介绍两个度量相关性的相关系数，以及相应的相关系数检验。

# 实验一　Spearman 秩相关分析

## 一、实验目的

掌握两样本的 Spearman 秩相关分析方法；学习如何利用 R 软件对两样本数据进行 Spearman 秩相关分析。

## 二、实验内容

根据所提供的统计数据，采用 R 软件进行 Spearman 秩相关分析。

## 三、准备知识

给定一列数对 $(X_1, Y_1)$，…，$(X_n, Y_n)$，这里 $X$ 和 $Y$ 分别为来自 $F$ 和 $G$ 两个总体的独立样本。我们想要检验它们所代表的二元变量 $X$ 和 $Y$ 是否相关。所要检验的假设问题为：

$$H_0: X \text{ 与 } Y \text{ 不相关} \Leftrightarrow H_1: X \text{ 与 } Y \text{ 相关}$$

对于上面的假设，当 $H_1$ 成立时，说明随着 $X$ 的增加，$Y$ 也在增加，即 $X$ 与 $Y$ 具有某种同步性。在参数统计中，我们是利用样本相关系数 $\rho$ 作为检验统计量。Spearman 基于同样的想法，只不过采用 $X$，$Y$ 的秩来代替原来的样本值。在 Spearman 秩相关中，如果 $X$ 与 $Y$ 具有某种同步性，那么 $X$ 与 $Y$ 的秩也应该具有同步性。

Spearman 秩相关的具体做法如下：先将 $X$ 和 $Y$ 的观测值分别排序，分别得到各自的秩统计量 $(R_1, S_1)$，…，$(R_n, S_n)$，之后，再计算 $R$ 和 $S$ 的相关系数。我们知道 $\bar{R} = \bar{S} = \frac{n+1}{2}$，令 $D_i = R_i - S_i$，则 Spearman 的相关系数为：

$$r_s = \frac{\sum_{i=1}^{n}(R_i - \bar{R})(S_i - \bar{S})}{\sqrt{\sum_{i=1}^{n}(R_i - \bar{R})^2 \sum_{i=1}^{n}(S_i - \bar{S})^2}} = 1 - \frac{6\sum_{i=1}^{n} d_i^2}{n(n^2 - 1)}$$

Spearman 秩相关系数是一个非参数性质（与分布无关）的秩统计参数，由 Spearman 在 1904 年提出，用来度量两个变量之间联系的强弱。Spearman 秩相关系数可以用于 R 检验，当数据的分布不能由 Pearson 线性相关系数描述或描述导致错误结论时，Spearman 秩相关系数也可作为变量之间单调联系强弱的度量。

在 R 软件中计算两样本相关系数检验的函数为 cor. test( )，其具体使用方法为：

```
cor. test(x,y,alternative=c("two. sided","less","greater"),
        method=c("pearson","kendall","spearman"),exact=
```

NULL,…)

其中，x，y 为对应的样本变量；alternative 为备择假设形式；method 为逻辑变量，赋值为"pearson" "kendall" 或"spearman"，为进行相关检验的三种方法；exact 为逻辑变量，指出是否计算精确 $P$ 值。

在 R 软件中计算相关系数的函数名为：cor()，具体使用方法如下：

cor(x,y=NULL,…,method=c("pearson","kendall","spearman"))

其中，x，y 为对应的观察值，可以是向量、矩阵或数据框，y 可以赋值为零；method 为逻辑变量，赋值为"pearson" "kendall" 或"spearman"，是求相关系数的三种方法。

## 四、实验项目

本数据包含了地产指数和银行指数自 2009 年 10 月 28 日设立到 2013 年 7 月 31 日近四年的全部收盘数据，共计 929 组数据。为了研究上市公司不同行业间的相关性，请计算其 Spearman 相关系数（数据详见附录二二维码 7.1.1.txt）。

读入数据后，在 R 软件中执行代码，计算 Spearman 相关系数：

R 代码

```
data=read.table("D:/data/7.1.1.txt")
x=data[,1]
y=data[,2]
cor(x,y,method="spearman")
```

R 输出

```
>cor(x,y,method="spearman")
[1] 0.7874481
```

输出结果显示，两列数据间具有较强的相关性，其相关系数达到 0.7874481，所以我们认为证券市场中地产指数和银行指数间具有较强的相关性。下面我们使用 Spearman 的相关性检验对该判断作出检验，以得到相应的结论。选择假设形式：

$$H_0：X 与 Y 不相关 \Leftrightarrow H_1：X 与 Y 相关$$

计算统计量及其发生的概率 $P$ 值，执行以下代码，进行 Spearman 相关性检验：

R 代码

```
data=read.table("D:/data/7.1.1.txt")
x=data[,1]
y=data[,2]
cor.test(x,y,method="spearman")
```

R 输出

```
>cor.test(x,y,method="spearman")

    Spearman's rank correlation rho

data:  x and y
S=28402754,p-value< 2.2e-16
alternative hypothesis:true rho is not equal to 0
sample estimates:
     rho
0.7874481
```

输出结果显示统计量 $S=28402754$，其发生的概率 $P$ 值小于 2.2e-16，所以在显著性水平大于 2.2e-16 的情况下，我们拒绝原假设，认为数据间具有相关性。

## 五、练习实验

本数据包含了沪深 300 指数和标普 500 指数 2005 年 1 月 13 日到 2011 年 8 月 30 日的全部收益率数据，共计 1572 组数据，请计算其 Spearman 相关系数，并使用 Spearman 相关性检验对这种相关性是否具有统计上的显著性进行检验（数据详见附录二二维码 7.1.2.txt）。

# 实验二 Kendall τ 相关分析

## 一、实验目的

掌握两独立样本的 Kendall τ 相关分析方法；学习如何利用 R 软件对两独立样本数据进行 Kendall τ 相关分析。

## 二、实验内容

根据所提供的统计数据，采用 R 软件进行 Kendall τ 相关分析。

## 三、准备知识

Spearman 秩相关检验是从样本秩相关的角度出发去考虑样本相关性的。Kendall τ 检验则是从样本频率的角度来检验样本相关性的。

设 $F(x, y)$ 为二元连续的分布函数，$(X, Y)\underset{\sim}{\overset{iid}{—}}F(X, Y)$ 需要检验的假设问题为：

$$H_0:X\text{与}Y\text{不相关}\Leftrightarrow H_1:\begin{cases}X\text{与}Y\text{不相关}\\X\text{与}Y\text{正相关}\\X\text{与}Y\text{负相关}\end{cases}$$

其中，当 $H_1$ 成立，如 $X$ 与 $Y$ 正相关时，如果 $X_1>X_2$，那么我们有理由说 $Y_1$ 将倾向于比 $Y_2$ 大；相反，如果 $X_1<X_2$，则我们有理由说 $Y_1$ 将倾向于比 $Y_2$ 小。于是我们可以通过概率 $p=P((X_1-X_2)(Y_1-Y_2)>0)$ 是否大于 1/2 来反映这种倾向。当 $H_1$ 成立时，$p>1/2$；当 $H_0$ 成立时，$p<1/2$；当 $X$ 与 $Y$ 不相关时，$p=0$。

Kendall 于 1938 年引入度量 $\tau=2p$，用以衡量以上所提出的检验。详细过程如下：

首先，令：

$$\Psi(X_i, X_j, Y_i, Y_j)=\begin{cases}1 & (X_j-X_i)(Y_j-Y_i)>0\\0 & (X_j-X_i)(Y_j-Y_i)=0\\-1 & (X_j-X_i)(Y_j-Y_i)<0\end{cases}$$

其次，定义 Kendall τ 相关系数：

$$\hat{\tau}=\frac{2}{n(n-1)}\sum_{1\leqslant i<j\leqslant n}^{n}\Psi(X_i, X_j, Y_i, Y_j)=\frac{K}{C_n^2}=\frac{n_c-n_d}{C_n^2}$$

其中，$n_c$ 是 $X$ 与 $Y$ 协同的对数，或协调函数取值为 1；$n_d$ 是 $X$ 与 $Y$ 不协同的对数，或协调函数取值为-1；$K=\sum_{1\leqslant i<j\leqslant n}^{n}\Psi(X_i, X_j, Y_i, Y_j)=n_c-n_d$。

从定义可以看出，Kendall τ 检验完全是一个秩检验，它只与样本的秩有关。

R 软件中的 Kendall τ 检验函数详见本章实验一。

## 四、实验项目

本数据包含了地产指数和银行指数自 2009 年 10 月 28 日设立到 2013 年 7 月 31 日近四年的全部收盘数据，共计 929 组数据。请计算其 Kendall 相关系数（数据详见附录二二维码 7. 1. 1. txt）。

在 R 软件中执行代码，计算 Kendall 相关系数：

R 代码
```
data=read.table("D:/data/7.1.1.txt")
x=data[,1]
y=data[,2]
cor(x,y,method="kendall ")
```

R 输出
```
>cor(x,y,method="kendall")
[1] 0.6016724
```

输出结果显示，两列数据间具有较强的相关性，其相关系数达到 0.6016724，所以我们认为沪深证券市场中地产指数和银行指数间具有较强的相关性。同时注意到，不同的统计量对相关性的测量是具有差异的。

## 五、练习实验

本数据包含了沪深 300 指数和标普 500 指数 2005 年 1 月 13 日到 2011 年 8 月 30 日的全部收益率数据，共计 1572 组数据，请计算其 Kendell 相关系数（数据详见附录二二维码 7.1.2.txt）。

# 实验三 Kendall τ 协同系数检验

## 一、实验目的

掌握多个独立样本的 Kendall τ 协同系数检验的方法；学习如何利用 R 软件对多个独立样本数据进行 Kendall τ 协同系数检验。

## 二、实验内容

根据所提供的统计数据，采用 R 软件进行 Kendall τ 协同系数检验。

## 三、准备知识

在实际生活中，经常需要按照某些特别的性质来多次（$m$ 次）对 $n$ 个个体进行评估或排序，比如 $m$ 个裁判者对于 $n$ 种品牌酒类的排队、$m$ 个选民对 $n$ 个候选人的评价、$m$ 个咨询机构对一系列（$n$ 个）企业的评估以及体操裁判员对运动员的打分等。人们往往想知道，这 $m$ 个结果是否一致，如果很不一致，则这个评估多少有些随机，没有多大意义。

假设问题可以表述为：

$H_0$：这些评估（对于不同个体）是不相关的

$H_1$：它们（对各个个体）是正相关的

这里完全有理由用前面的 Friedman 方法来检验。Kendall 一开始也是这样做的，后来，Kendall 和 Slith（1939）提出了协同系数（Coefficient of concordance），协同系数可以看成是二元变量的 Kendall $\tau$ 在多元情况下的推广。而 Kendall 协同系数正是用于多组秩之间关联程度的测定的。

设有 $k$ 个样本，每个样本有 $n$ 个数据，那么对于每一个样本，可以分别赋予某一个秩，在这一组数据内所有的秩的和为：

$$1+2+\cdots+n=\frac{n(n+1)}{2}$$

如果有 $k$ 组样本，那么这 $k$ 组样本秩的秩总和就是 $\frac{kn(n+1)}{2}$。

对于每一个观察对象来说，平均的秩次和应为 $\frac{kn(n+1)}{2n}=\frac{k(n+1)}{2}$。如果 $R_j$（$j=1$，2，…，$n$）表示每一观察对象的实际秩和，那么，$R_j$ 与 $\frac{k(n+1)}{2}$ 越接近，表明第 $j$ 个观察对象的秩越接近于平均秩；两者相差越远，越远离平均秩。由于 $R_j$ 与 $\frac{k(n+1)}{2}$ 的差值可正可负，因此，在分析时应采用差值的平方和。定义差值的平方和为 $S$，则：

$$S=\sum_{j=1}^{n}\left(R_j-\frac{k(n+1)}{2}\right)^2$$

在 $k$ 组秩完全一致时，各观察对象的秩和与平均秩和的离差平方和是最大可能的离差平方和。由于 $k$ 组秩完全一致时，各观察对象的秩和分别为 $k$，$2k$，…，$nk$，也就是说，当 $k$ 组秩评定之间完全一致的时候，$R_j$ 应是 $k$，$2k$，…，$nk$。因此，最大可能的离差平方和为：

$$\sum_{j=1}^{n}\left(jk-\frac{k(n+1)}{2}\right)^2=k^2\sum_{j=1}^{n}\left(j-\frac{(n+1)}{2}\right)^2=\frac{k^2n(n^2-1)}{12}$$

实际偏差平方和与最大可能偏差平方和之比，在一定程度上能够反映 $k$ 组秩之间的一致性，即协调程度。

因此上述两式相除可得到 Kendall 协同系数 $W$：

$$W=\frac{12S}{k^2n(n^2-1)}=12\sum_{j=1}^{n}\frac{\left(R_j-\frac{k(n+1)}{2}\right)^2}{k^2n(n^2-1)}$$

$W$ 的取值在 0-1 之间。若 $W=0$，表明 $k$ 组秩之间不相关；若 $W=1$，表明 $k$ 组秩之间完全相关，即完全一致。

因为总的秩为 $m(1+\cdots+n)mn(n+1)/2$，平均秩为 $m(n+1)/2$，Kendall 协同系数 $W$ 还可以写成下面的形式：

$$W=\frac{12\sum_{i}^{n}R_i^2-3m^2n\ (n+1)^2}{m^2n(n^2-1)}$$

上面右边的表达式计算起来较方便，$W$ 的取值范围是从 0 到 1，对 $W$ 和 $S$ 都有表可查，当 $n$ 很大时，可以利用大样本性质，即在原假设下，对固定的 $m$，当 $n\to\infty$ 时，则：

$$m(n-1)W=\frac{12S}{mn(n+1)}\to\chi_{n-1}^2$$

$W$ 的值大（显著），意味着每个个体在评估中有明显不同，这样所产生的评估结果是有道理的；而如果 $W$ 不显著，意味着评估者对于诸位个体的意见很不一致，则没有理由认为能够产生一个共同的评估结果。

在 R 软件中进行 Kendall $\tau$ 协同系数检验的函数介绍详见本章实验二。

## 四、实验项目

本数据包含了地产指数和银行指数自 2009 年 10 月 28 日设立到 2013 年 7 月 31 日近 3 年的全部收盘数据，共计 929 组数据（数据详见附录二二维码 7.1.1.txt）。本章实验二对 Kendall 相关系数的计算显示两个数据间具有相关性，下面使用 Kendall 的相关性检验对这种相关性是否具有统计上的显著性进行检验。选择假设形式：

$$H_0:\ \rho=0\Leftrightarrow H_1:\ \rho\neq0$$

计算统计量及其发生的概率 $P$ 值，执行以下代码，进行 Kendall 的相关性检验：

R 代码

```
data=read.table("D:/data/7.1.1.txt")
x=data[,1]
y=data[,2]
cor.test(x,y,method="kendall")
```

R 输出

```
>cor.test(x,y,method="kendall")

    Kendall's rank correlation tau

data:  x and y
z=27.4561,p-value< 2.2e-16
alternative hypothesis:true tau is not equal to 0
sample estimates:
     tau
0.6016724
```

输出的结果显示统计量 $Z=27.4561$，其发生的概率 $P$ 值小于 2.2e−16，所以在显著性水平大于 2.2e−16 的情况下，我们拒绝原假设，认为数据间具有相关性。

## 五、练习实验

本数据包含了沪深 300 指数和标普 500 指数 2005 年 1 月 13 日到 2011 年 8 月 30 日的全部收益率数据，共计 1572 组数据，使用 Kendall 的相关性检验对这种相关性是否具有统计上的显著性进行检验（数据详见附录二二维码 7. 1. 2. txt）。

# 第八章

# 分布检验和拟合优度检验

在此前的分析过程中我们常会提及检验总体是否服从正态分布这样一个假设，然而对于这样的假设，当时我们只能通过直方图、Q-Q图这些描述性统计进行判断，本章将介绍两个用于分布检验的统计学方法，对于数据是否服从特定分布，给出统计学意义上的结论。

# 实验一　Kolmogrov-Smirnov 分布检验

## 一、实验目的

掌握单样本和两独立样本的 Kolmogrov-Smirnov 分布检验；学习如何利用 R 软件对单样本和两独立样本数据进行 Kolmogrov-Smirnov 分布检验。

## 二、实验内容

根据所提供的统计数据，采用 R 软件进行 Kolmogrov-Smirnov 分布检验。

## 三、准备知识

1. 单样本 Kolmogrov-Smirnon 检验

单样本 Kolmogorov-Sirmov 检验是一种拟合优度检验。它的基本原理是将一组样本值（观察结果）的分布和某一指定的理论分布函数（如正态分布、均匀分布、泊松分布、指数分布）进行比较，确定两者之间的符合程度。这种检验可以确定是否有理由认为样本的观察结果来自具有该理论分布的总体。

简言之，这种检验包括确定理论分布下的累积频数分布，以及把这种累积频数分布和观察的累积频数分布进行比较（这里的理论分布系指原假设成立时所预期的分布），确定理论分布和观察分布的最大差异点，参照抽样分布判断这样大的差异是否基于偶然。这就是说，若观察的结果的确是从理论分布抽取的随机样本，则抽样分布将指出这种观察到的差异程度是否是随机出现的。

一般来说，要检验手中的样本是否来自于某一个已知分布 $F_0(x)$ 。假定它的真实分布为 $F(x)$ ，假设问题有以下几组：

$$H_0: F(x) = F_0(x)\ (\text{对任意的 } x) \Leftrightarrow H_1: F(x) \neq F_0(x)\ (\text{对某个 } x)$$

或

$$H_0: F(x) = F_0(x)\ (\text{对任意的 } x) \Leftrightarrow H_1: F(x) > F_0(x)\ (\text{对某个 } x)$$

或

$$H_0: F(x) = F_0(x)\ (\text{对任意的 } x) \Leftrightarrow H_1: F(x) < F_0(x)\ (\text{对某个 } x)$$

令 $S(x)$ 表示该组数组的经验分布。一般来说随机样本 $x_1$，$x_2$，…，$x_n$ 的经验分布函数（EDF）定义为如下阶梯函数：

$$S(x) = \frac{x_i \leqslant x \text{ 的个数}}{n}$$

它是小于 $x$ 的值的比例，也是总体分布函数的一个估计。对于上面三种检验，检验统计量分别为：

$$A.\ D = \sup_x |S(x) - F_0(x)|$$

$$B.\ D = \sup_x |F_0(x) - S(x)|$$

$$C.\ D = \sup_x |S(x) - F_0(x)|$$

统计量 $D$ 的分布实际上在原假设下对于一切连续分布 $F_0(x)$ 是一样的，所以与分布无关。由于 $S(x)$ 是阶梯函数，只取离散值，考虑到跳跃的问题，在实际应用中，如果有 $n$ 个观察值，则用下面的统计量来代替 $D$（$D^+$或 $D^-$）。

$$D_n = \max_{1\leqslant i\leqslant n}\{\max(|S(x_i) - F_0(x_i)|, |S(x_{i-1}) - F_0(x_{i-1})|)\}$$

以上这些统计量称为 Kolmogrov-Smirnov 统计量。

2. 两样本的 Kolmogorov-Sirmov 检验

单样本的 Kolmogorov-Sirmov 检验也可以推广到两个独立样本的情形，这与$\chi^2$ 检验类似，也用于检验总体分布是否相同。

假定分别从两个分布为 $F_1(x)$ 和 $F_2(x)$ 的总体中随机抽取 $m$ 和 $n$ 的样本，利用样本值推断两个总体是否具有某种差异。假设检验的类型同样有以下三种：

$$H_0: F_1(x) = F_2(x)\ (\text{对任意的 } x) \Leftrightarrow H_1: F_1(x) \neq F_2(x)\ (\text{对某个 } x)$$

或

$$H_0: F_1(x) = F_2(x)\ (\text{对任意的 } x) \Leftrightarrow H_1: F_1(x) > F_2(x)\ (\text{对某个 } x)$$

或

$$H_0: F_1(x) = F_2(x)\ (\text{对任意的 } x) \Leftrightarrow H_1: F_1(x) < F_2(x)\ (\text{对某个 } x)$$

将其样本的经验分布函数分别记为 $S_1(x)$ 和 $S_2(x)$，则：

$$S_1(x) = \text{第一个总体的样本观察值小于等于 } x \text{ 的数目}/m$$

$$S_2(x) = \text{第二个总体的样本观察值小于等于 } x \text{ 的数目}/n$$

两个样本的 Kolmogrov-Smirnov 检验的统计量是 $S_1(x)$ 和 $S_2(x)$ 的绝对差值，可以反映两个总体之间差异。表 8-1 反映的是双侧检验、左侧检验和右侧检验的检验统计量。

**表 8-1　三种检验的检验统计量**

| | |
|---|---|
| 双侧检验 | $D=\max\|S_1(x)-S_2(x)\|$ |
| 左侧检验 | $D_-=\max[S_1(x)-S_2(x)]$ |
| 右侧检验 | $D_+=\max[S_2(x)-S_1(x)]$ |

同样对于上面的检验可以有以下实用的检验统计量：

$$D_n = \max\{\max_i(|F_1(x_i) - F_2(x_i)|, |F_1(y_i) - F_2(y_i)|)\}$$

在 R 软件中，函数 ks. test( ) 提供了单样本 Kolmogrov-Smirnov 检验，其具体使用方法如下：

ks. test(x, y, …, alternative=c("two. sided", "less", "greater", exact=NULL)

其中，x 为待检验的样本观测值；y 是原假设的数据向量或描述原假设的字符串，例如累积分布函数；alternative 为备择假设形式；exact 为逻辑变量，指出是否计算精确 $P$ 值。

## 四、实验项目

（1）在检验了一个车间生产的 20 个轴承外座内径后得到下面数据（数据详见附录二二维码 8. 1. 1. txt）：

表 8-2　20 个轴承外座内径

| | | | | | | | | | | |
|---|---|---|---|---|---|---|---|---|---|---|
| 1~10 | 15. 04 | 15. 36 | 14. 57 | 14. 53 | 15. 57 | 14. 69 | 15. 37 | 14. 66 | 14. 52 | 15. 41 |
| 10~20 | 15. 34 | 14. 28 | 15. 01 | 14. 76 | 14. 38 | 15. 87 | 13. 66 | 14. 97 | 15. 29 | 14. 95 |

为了验证车间生产是否正常，下面需要对于这组数据是否来自于 $N(15, 0.2)$ 做出检验，此处使用 Kolmogrov-Smirnov 分布检验。选择假设检验形式：

$$H_0: F(x) = F_0(x) \text{（对任意的 } x\text{）} \Leftrightarrow H_1: F(x) \neq F_0(x) \text{（对某个 } x\text{）}$$

在 R 软件中计算统计量及其发生的概率 $P$ 值，执行以下代码，进行单样本 Kolmogrov-Smirnov 检验：

R 代码

```
x=read.table("D:/data/8.1.1.txt")
x=x[,1]
ks.test(x,"pnorm",15,0.2)
```

R 输出

```
>ks.test(x,"pnorm",15,0.2)

    One-sample Kolmogorov-Smirnov test

data:  x
D=0.3394,p-value=0.0147
alternative hypothesis:two-sided
```

输出结果显示统计量 $D=0.3394$，其发生的概率 $P$ 值等于 0. 0147，所以在显著性水平大于 0. 0147 的情况下，我们拒绝原假设，认为样本数据并不来自 $N(15, 0.2)$。

（2）对沪深 300 指数的正态性进行检验，沪深 300 股指期货数据选用 2010 年 4 月 16 日至 2013 年 3 月 31 日中 716 个交易日的沪深 300 股指期货日线数据（数据详见附录二二维码 8. 1. 2. txt）。

我们先根据数据绘制直方图和 Q-Q 图。执行以下代码，对沪深 300 股指期货数据进行描述性分析：

R 代码

```
x=read.table("D:/data/8.1.2.txt",header=TRUE)
x=x[,2]
n=length(x)
r1=(x[2:n]-x[1:n-1])/x[1:n-1]*100
hist(r1,main="沪深 300 股指期货收益率直方图")
qqnorm(r1,main="沪深 300 股指期货收益率 Q-Q 图")
qqline(r1)
```

R 输出

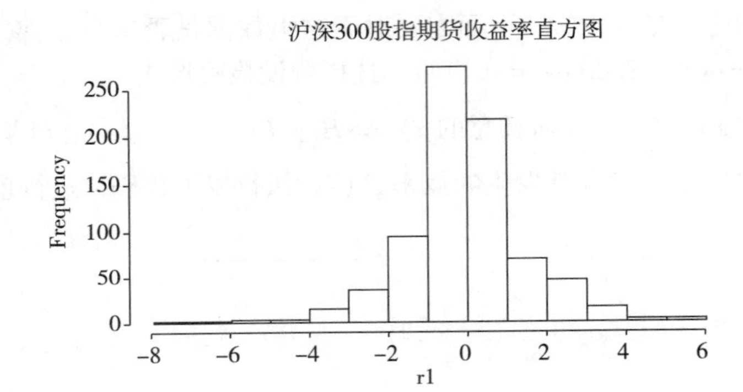


R 输出

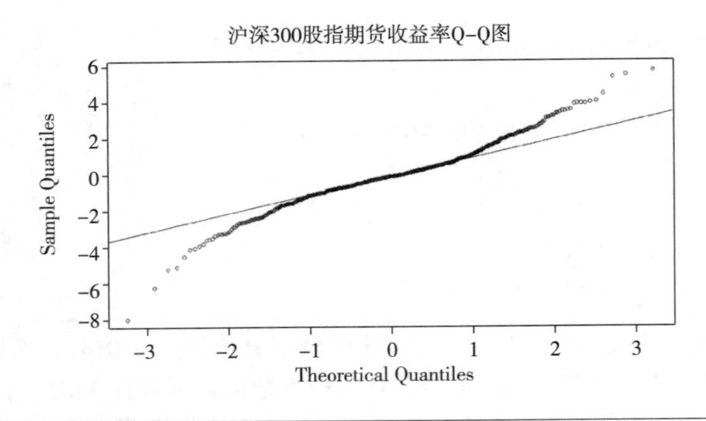


图形显示数据与正态分布假设相差较大，所以数据来自正态分布的假设受到质疑，为此我们进行统计检验，以获得更多的证据。做出假设：

$$H_0: F(x) = F_0(x)\ (\text{对任意的}\ x) \Leftrightarrow H_1: F(x) \neq F_0(x)\ (\text{对某个}\ x)$$

计算统计量及其发生的概率 $P$ 值，执行以下代码，进行单样本 Kolmogrov－Smirnov 检验

R 代码

```
ks.test(r1,"pnorm",mean(r1),sd(r1),alternative="two.sided")
```

R 输出

```
>ks.test(r1,"pnorm",mean(r1),sd(r1),alternative ="two.sided")

     One-sample Kolmogorov-Smirnov test

data: r1
D=0.0807,p-value=8.628e-05
alternative hypothesis:two-sided
```

检验结果显示统计量 $D=0.0807$，其发生的概率 $P$ 值等于 8.628e-05，所以在显著性水平大于 8.628e-05 的情况下，我们拒绝原假设，认为数据来自于正态总体的可能性很小。

（3）数据文件中收集了 2000 年 1 月 1 日到 2013 年 8 月 15 日上证指数和深证指数的全部收盘数据（数据详见附录二二维码 8.1.3.txt）。现在对两个市场的收益率是否来自同一分布进行双样本 Kolmogrov-Smirnov 检验。做出假设：

$$H_0: F_1(x) = F_2(x)\ (\text{对任意的}\ x) \Leftrightarrow H_1: F_1(x) \neq F_2(x)\ (\text{对某个}\ x)$$

计算统计量及其发生的概率 $P$ 值，执行以下代码，进行双样本 Kolmogrov－Smirnov 检验：

R 代码

```
x=read.table("D:/data/8.1.3.txt",header=TRUE)
ks.test(x[,2],x[,3],alternative="two.sided")
```

R 输出

```
>ks.test(x[,2],x[,3],alternative="two.sided")

     Two-sample Kolmogorov-Smirnov test

data:  x[,2] and x[,3]
D=0.7886,p-value< 2.2e-16
alternative hypothesis:two-sided
```

检验结果显示统计量 $D=0.7886$，其发生的概率 $P$ 值小于 2.2e−16，所以在显著性水平大于 2.2e−16 的情况下，我们拒绝原假设，认为数据来自于相同总体的可能性很小。

## 五、练习实验

本数据包含了标普 500 指数 2005 年 1 月 13 日到 2011 年 8 月 30 日的全部收益率数据，共计 1572 组数据，请对数据的正态性进行 Kolmogrov−Smirnov 分布检验（数据详见附录二二维码 8.1.4.txt）。

# 实验二 拟合优度检验

## 一、实验目的

掌握泊松分布、二项分布、指数分布、正态分布的拟合优度检验；学习如何利用 R 软件对泊松分布、二项分布、指数分布、正态分布进行拟合优度检验。

## 二、实验内容

根据所提供的统计数据，采用 R 软件进行拟合优度检验。

## 三、准备知识

$\chi^2$ 检验（Chi−Square Test）适用于拟合优度检验，多用于定类变量的检验问题，用来检验实际观察数目与理论期望数目是否有显著差异。当检验问题是实际分布是否与理论分布相符合时，在大样本时也可以用分类数据的卡方检验来解决，这时的卡方检验也称为分布拟合的卡方检验。

若样本分为 $k$ 类，每类实际观察频数为 $f_1$，$f_2$，…，$f_k$，与其相对应的期望频数为 $e_1$，$e_2$，…，$e_k$，则检验统计量 $\chi^2$ 可以测度观察频数与期望频数之间的差异。其计算公式为：

$$\chi^2 = \sum_{i=1}^{k} \frac{(f_i - e_i)^2}{e_i} = \sum \frac{(\text{实际频数} - \text{期望频数})^2}{\text{期望频数}}$$

很显然，实际频数与期望频数越接近，$\chi^2$ 值就越小，若 $\chi^2=0$，则上式中分子的每一项都必须是 0，这意味着 $k$ 类中每一类观察频数与期望频数完全一样，即完全拟合。因而 $\chi^2$ 统计量可以用来测度实际观察频数与期望频数之间的拟合程度。

在 $H_0$ 成立的条件下，当样本容量 $n$ 充分大时，$\chi^2$ 统计量近似地服从自由度 $df=k-1$ 的 $\chi^2$ 分布，因而，可以根据给定的显著性水平 $\alpha$，在临界值表中查到相应的临界值 $\chi^2_\alpha(k-1)$。若 $\chi^2 \geqslant \chi^2_\alpha(k-1)$，则拒绝 $H_0$，否则不能拒绝 $H_0$。所有的统计软件都可以输出检验统计量的显著性 $P$ 值，也可以根据显著性 $P$ 值和显著性水平 $\alpha$ 作比较，若 $P \leqslant \alpha$，则拒绝 $H_0$，否则不能拒绝 $H_0$。

另外，卡方拟合优度检验也可以用来检验某总体是否服从某一特定分布的假设。拟合优度检验中几种常用分布的参数如下表所示。

**表 8-3　拟合优度检验中几种常用分布的参数**

| 分布 | 参数 | 估计值 | 参数个数 | $df$ |
|---|---|---|---|---|
| 二项分布 | $\theta$ | $\frac{\sum xf}{\sum f}$ | 1 | $k-2$ |
| 泊松分布 | $\lambda$ | $\bar{x}$ | 1 | $k-2$ |
| 正态分布 | $\mu$，$\sigma^2$ | $\bar{x}$，$s^2$ | 2 | $k-3$ |
| 指数分布 | $1/\lambda$ | $1/\bar{x}$ | 1 | $k-2$ |

## 四、实验项目

某公路上，交通部门观察每 15 秒钟内过路的汽车辆数，共观察了 50 分钟，最终得到如下样本资料：

**表 8-4　50 分钟内过路的汽车数**

单位：辆

| 辆数 | 0 | 1 | 2 | 3 | 4 | $\sum$ |
|---|---|---|---|---|---|---|
| 理论频数 | 92 | 68 | 28 | 11 | 1 | 200 |

试问通过的汽车辆数可否认为服从泊松分布（显著性水平为 $\alpha=0.05$，数据详见附录二二维码 8.2.1.txt）。

在分析之前首先要估计柏松分布的参数 $\lambda$，其估计量为：$\hat{\lambda}=\bar{x}$，此后依据该参数对数据是否服从泊松分布进行检验。做出假设：

$$H_0: P(X=k)=\frac{\lambda^k}{k!}e^{-\lambda}(k=0, 1, 2, 3, \cdots; \lambda>0) \Leftrightarrow H_1: \text{总体不服从泊松分布}$$

在 R 软件中计算 $\chi^2$ 统计量及其发生的概率 $P$ 值，执行以下代码，进行 $\chi^2$ 检验：

R 代码

```
Ob=c(92,68,28,11,1);
n=sum(Ob);
lambda=t(0:4)%*%Ob/n
p=exp(-lambda)*lambda^(0:4)/factorial(0:4)
E=p*n;
Q=sum((E-Ob)^2/E);
pvalue=pchisq(Q,3,low=F);
pvalue
```

R 输出

```
>cat(Q)
9.734785
>pvalue
[1] 0.01731353
```

输出结果显示统计量 $Q=9.734785$，其发生的概率 $P$ 值等于 0.01731353，所以在显著性水平大于 0.01731353 的情况下，我们拒绝原假设，认为样本数据并非来自泊松分布。

## 五、练习实验

现将某交换机在单位时间内接通次数的数据记录如下：

表 8-5　交换机在单位时间内接通次数

| 打电话次数（$x_i$） | 0 | 1 | 2 | 3 |
|---|---|---|---|---|
| 相应的人数（$N_i$） | 490 | 334 | 68 | 16 |

试问打电话次数可否认为服从泊松分布（显著性水平为 $\alpha=0.05$）（数据详见附录二二维码 8.2.2.txt）。

# 第九章

# 分类数据关联性问题

在实际分析中，除了需要对单个变量的数据分布情况进行分析外，还需要掌握多个变量在不同取值情况下的数据分布情况，而深入分析变量之间的相互影响和关系，这种分析被称为交叉列联表分析。

当所观察的现象同时与两个因素有关时，如某种服装的销量同时受价格和居民收入的影响、某种产品的生产成本同时受原材料价格和产量的影响等，通过交叉列联表分析，可以较好地反映出这两个因素之间有无关联性及两个因素与所观察现象之间的相关关系。

因此，数据交叉列联表分析主要包括两个基本任务：一是根据收集的样本数据，产生二维或多维交叉列联表；二是在交叉列联表的基础上，对两个变量间是否存在相关关系进行检验。要获得变量之间的相关关系，仅靠描述性统计的数据是不够的，还需要借助一些非参数检验的方法。

本章主要考虑有关二维列联表的卡方齐性和独立性检验，包括低维列联表的 Fisher 精确检验和更一般的卡方检验。

# 实验一　二维列联表的卡方齐性和独立性检验

## 一、实验目的

掌握二维列联表的卡方齐性和独立性检验；学习如何利用 R 软件对二维列联表数据进行卡方齐性和独立性检验。

## 二、实验内容

根据所提供的统计数据，采用 R 软件进行卡方齐性和独立性检验。

## 三、准备知识

1.$\chi^2$ 独立性检验

假设有 $n$ 个随机试验的结果按照两个变量 $A$ 和 $B$ 分类，$A$ 取值为 $A_1$，$A_2$，…，$A_r$，$B$ 取值为 $B_1$，$B_2$，…，$B_s$，则形成了一张 $r\times s$ 的列联表，称为 $r\times s$ 二维列联表。其中 $n_{ij}$ 表示 $A$ 取 $A_i$ 及 $B$ 取 $B_j$ 的频数，$\sum_{i=1}^{r}\sum_{j=1}^{s} n_{ij}=n$，其中：

$$n_{i\cdot}=\sum_{j=1}^{s} n_{ij}，i=1，2，\cdots，r \text{ 表示列频数之和}$$

$$n_{\cdot j}=\sum_{i=1}^{r} n_{ij}，i=1，2，\cdots，s \text{ 表示行频数之和}$$

令 $p_{ij}=P\ (A=A_i，B=B_j)\ (i=1，2，\cdots，r；j=1，2，\cdots，s)$，$p_{i\cdot}$ 和 $p_{\cdot j}$ 分别表示行和列的边缘概率。对于 $r\times s$ 二维列联表，如果变量 $A$ 和变量 $B$ 是独立的，则 $A$ 和 $B$ 的联合概率应该等于 $A$ 和 $B$ 边缘概率的乘积。因而假设检验的原假设可以表示为：

$$H_0：p_{ij}=p_{i\cdot}\,p_{\cdot j}$$

在 $H_0$ 成立的条件下，$r\times s$ 二维列联表中的期望频数为：

$$e_{ij}=\frac{n_{i\cdot}n_{\cdot j}}{n_{\cdot\cdot}}$$

则卡方统计量：

$$\chi^2=\sum_{i=1}^{r}\sum_{j=1}^{s}\frac{(n_{ij}-e_{ij})^2}{e_{ij}}$$

在大样本情形下（每个期望频数 $e_{ij}>5$），$\chi^2$ 统计量近似服从自由度为 $(r-1)(s-1)$ 的卡方分布。如果 Pearson $\chi^2$ 值过大，或 $P$ 值过小，则拒绝 $H_0$，认为变量 $A$ 和变量 $B$ 存在某种关联，即不是独立的；否则不能拒绝 $H_0$，认为变量 $A$ 和变量 $B$ 是独立的。

在小样本情形下（期望频数 $e_{ij} < 5$）则需要将其合并使得期望频数 $e_{ij} > 5$，否则容易夸大卡方统计量值，得出拒绝原假设的结论。

关于独立性检验还可以采用另一个基于多项分布的似然函数的检验统计量，称为似然比检验统计量。该统计量采用一般的最大似然函数与原假设下的最大似然比，然后取对数的 2 倍，即：

$$T = 2\sum_{ij} n_{ij}\ln\left(\frac{n_{ij}}{e_{ij}}\right)$$

在原假设下，$T$ 有自由度为 $(r-1)(c-1)$ 的卡方分布。

2.$\chi^2$ 齐性检验

与$\chi^2$ 独立性检验类似的是$\chi^2$ 齐性检验。实际问题中，假定有 $k$ 组样本，分别取自 $k$ 个总体，要检验这 $k$ 个总体的分布是否相同，这样的假设检验问题被称为“齐次性检验”。

对一般的 $r\times s$ 二维列联表，可以提出假设：

$$H_0：p_{i1}=p_{i2}=\cdots=p_{is}\ (i=1，2，\cdots，r)$$

在 $H_0$成立的条件下，这些概率 $p_{ij}$与 $j$ 无关，因此 $n_{ij}$的期望值（理论频数）为 $n_{\cdot j}p_{ij}$；$p_{i\cdot}=\frac{n_{i\cdot}}{n}$，因此期望值 $e_{ij}=n_{\cdot j}\times p_{i\cdot}=\frac{n_{i\cdot}n_{\cdot j}}{n}$，进而$\chi^2$ 检验统计量为：

$$\chi^2 = \sum_{i=1}^{r}\sum_{j=1}^{s}\frac{(n_{ij}-e_{ij})^2}{e_{ij}}$$

与$\chi^2$ 独立性检验一样，大样本情形下（期望频数 $e_{ij}>5$），$\chi^2$ 统计量近似服从自由度为 $(r-1)(s-1)$ 的卡方分布。如果 Pearson $\chi^2$ 值过大，或 $P$ 值过小，则拒绝 $H_0$，否则不能拒绝 $H_0$。

在 R 软件中，chisq. test( ) 函数可以进行列联表的齐性和独立性检验，只需要将列联表数据变换为矩阵形式即可。

## 四、实验项目

（1）某学校 166 名学生的某一门课程的分数统计数据如下：

表 9-1　166 名学生某一门课程分数段人数统计　　单位：人

| 分数段 | ≥90 | [80，90) | [70，80) | [60，70) | <60 |
|---|---|---|---|---|---|
| 男 | 7 | 23 | 31 | 19 | 12 |
| 女 | 3 | 14 | 29 | 18 | 10 |

人们怀疑学生的成绩与性别有关，试问这一怀疑是否是合理的？（数据详见附录二二维码 9. 1. 1. txt）

（2）根据 1996 年一次抽样调查，我国华北五个省份的丧偶人数按性别分为：

表 9-2 1996 年华北五个省份丧偶人数统计 单位：人

| 城市 | 男 | 女 | 合计 |
|---|---|---|---|
| 北京 | 112 | 356 | 478 |
| 天津 | 130 | 305 | 435 |
| 河北 | 846 | 1787 | 2633 |
| 山西 | 359 | 782 | 1141 |
| 内蒙古 | 291 | 558 | 849 |
| 合计 | 1748 | 3788 | 5536 |

检验在不同地区的男性和女性的丧偶比例是否相同（数据详见附录二二维码 9. 1. 2txt）。

对于实验（1），我们只需要读入数据，然后调用 chisq. test( ) 函数即可得到结果。在 R 软件中运行以下代码：

R 代码
```
x<-read.table("C:/Users/hanm/Desktop/9.1.1.txt")
attach(x)
```

执行卡方检验：

R 输出
```
>chisq.test(x)

        Pearson's Chi-squared test

data:  x
X-squared=2.138,df=4,p-value=0.7104
```

结果显示，检验的 $P$ 值为 0. 7104，所以在 0. 05 的置信水平下，无法拒绝原假设，认为学生学习成绩与性别无关。

实验（2）同样只需要读入数据，然后调用 chisq. test( ) 函数即可得到结果。在 R 软件中运行以下代码：

R 代码
```
x<-read.table("C:/Users/hanm/Desktop/9.1.2.txt")
attach(x)
```

执行卡方检验：

R 输出
```
>chisq.test(x)
```

```
        Pearson's Chi-squared test

data:  x
X-squared=16.4745,df=4,p-value=0.002444
```

结果显示，检验的 $P$ 值为 0.002444，所以在 0.05 的置信水平下，拒绝原假设，认为不同地区男性和女性的丧偶比例不同。

## 五、练习实验

（1）一项是否提高小学生的计算机课程比例的调查结果如下：

**表 9-3　不同年龄段人群是否同意提高小学生计算机课程**　　单位：人

| 年龄段 | 同意 | 不同意 | 不知道 |
| --- | --- | --- | --- |
| 55 岁以上 | 32 | 28 | 14 |
| 36~55 岁 | 44 | 21 | 17 |
| 18~35 岁 | 47 | 12 | 13 |

试问年龄因素是否影响了被调者对问题的回答？（数据详见附录二二维码 9. 1. 3. txt）

（2）在 500 人身上实验某种血清预防感冒的作用，把他们一年中的记录和另外 500 名未用血清处理的人作比较，结果如下：

**表 9-4　使用某血清和未使用的人一年内感冒次数**　　单位：次

| 预防 | 未感冒 | 感冒一次 | 感冒两次及以上 |
| --- | --- | --- | --- |
| 处理 | 253 | 145 | 103 |
| 未处理 | 224 | 136 | 140 |

1）试检验该血清是否对预防感冒产生影响（数据详见附录二二维码 9. 1. 4. txt）。

2）在用血清处理的人群中未感冒、感冒一次、感冒两次及以上的人所占的比例与在未用血清处理的人群中这些情况所占的比例是否一致？

（3）在一个有三个主要百货商场的商贸中心，调查者问 479 个不同年龄段的人首先去三个商场中的哪个，结果如下：

**表 9-5　479 个不同年龄段的人首选的商场**

| 年龄段 | 商场 1 | 商场 2 | 商场 3 | 总和 |
| --- | --- | --- | --- | --- |
| ≤30 岁 | 83 | 70 | 45 | 198 |
| 31~50 岁 | 91 | 86 | 15 | 192 |

续表

| 年龄段 | 商场 1 | 商场 2 | 商场 3 | 总和 |
| --- | --- | --- | --- | --- |
| >50 岁 | 41 | 38 | 10 | 89 |
| 总和 | 215 | 194 | 70 | 479 |

检验人们去这三个商场的概率是否一样（数据详见附录二二维码 9. 1. 5. txt）。①

# 实验二　低维列联表的 Fisher 精确检验

## 一、实验目的

掌握低维列联表的 Fisher 精确检验方法；学习如何利用 R 软件对低维列联表数据进行 Fisher 精确检验。

## 二、实验内容

根据所提供的统计数据，采用 R 软件进行 Fisher 精确检验。

## 三、准备知识

对于观察值数目不大的低维列联表的齐性和独立性检验问题还可以采用 Fisher 精确检验完成。

若样本大小 $n$ 不是很大，则基于渐近分布的卡方检验方法就不适用。对此，针对四格表这样的情形，R. A. 费希尔（1935）提出了一种适用于所有 $n$ 的精确检验法。其思想是在固定各边缘和的条件下，根据超几何分布（见概率分布），可以计算观测频数出现任意一种特定排列的条件概率。把实际出现的观测频数排列，以及比它呈现更多关联迹象的所有可能排列的条件概率都算出来并相加，若所得结果小于给定的显著性水平，则判定所考虑的两个属性存在关联，从而拒绝 $H_0$。

表 9-6　二维列联表

|  | $B_1$ | $B_2$ | 总和 |
| --- | --- | --- | --- |
| $A_1$ | $n_{11}$ | $n_{12}$ | $n_{1\cdot}$ |
| $A_2$ | $n_{21}$ | $n_{22}$ | $n_{2\cdot}$ |
| 总和 | $n_{\cdot 1}$ | $n_{\cdot 2}$ | $n$ |

① 王星. 非参数统计［M］. 北京：中国人民大学出版社，2005.

在这里，假定边际频数以及总数 $n$ 都是固定的。在 $A$ 和 $B$ 独立或齐性的假设下，当给定边际频率时，这个具体的列联表的条件概率只依赖四个频数中的任意一个。在原假设下，该概率满足超几何分布：

$$P(n_{ij})=\frac{\binom{n_{1\cdot}}{n_{11}}\binom{n_{2\cdot}}{n_{21}}}{\binom{n_{\cdot\cdot}}{n_{\cdot 1}}}=\frac{n_{\cdot 1}!\ n_{1\cdot}!\ n_{\cdot 2}!\ n_{2\cdot}!}{n_{\cdot\cdot}!\ n_{11}!\ n_{12}!\ n_{21}!\ n_{22}!}$$

如果原假设正确，任何一个与 $n_{ij}$ 实现值有关的尾概率不应该太小，否则都可能拒绝原假设。

在 R 软件中提供了进行 Fisher 精确检验的函数 fisher. test( )，其使用方法是：

fisher. test(x, y = NULL, workspace = 200000, hybrid = FALSE, control = list( ), or = 1, alternative = "two. sided", conf. int = TRUE, conf. level = 0. 95)

其中，x 是具有二维列联表形式的矩阵或是由因子构成的对象；y 是由因子构成的对象，当 x 是矩阵时，此值无效；workspace 的输入值是一整数，其表示用于网络算法工作空间的大小；hybrid 为逻辑变量，FALSE（缺省值）表示精确计算概率，TRUE 表示用混合算法计算概率；alternative 为备择假设，有"two. sided"（缺省值）双边，"less"单边小于，"greater"单边大于；conf. int 为逻辑变量，取 TRUE（缺省值）时，给出区间估计；conf. level 为置信水平，缺省值为 0. 95。其余参数见在线帮助文档。

## 四、实验项目

在一个有三个主要百货商场的商贸中心，调查者去问 479 个不同年龄段的人首先去三个商场中的哪个，结果如下：

表 9-7　479 个不同年龄段的人首选的商场　　单位：人

| 年龄段 | 商场 1 | 商场 2 | 商场 3 | 总和 |
| --- | --- | --- | --- | --- |
| ≤30 岁 | 83 | 70 | 45 | 198 |
| 31~50 岁 | 91 | 86 | 15 | 192 |
| >50 岁 | 41 | 38 | 10 | 89 |
| 总和 | 215 | 194 | 70 | 479 |

采用 Fisher 精确检验判断人们去这三个商场的概率是否一样（数据详见附录二二维码 9. 1. 5. txt）。[1]

本实验可以在读入数据后直接调用函数 fisher. test( ) 进行检验，检验过程如下：

R 代码

```
x<-read.table("C:/Users/hanm/Desktop/9.1.5.txt")
attach(x)
```

① 王星. 非参数统计 [M]. 北京：中国人民大学出版社，2005.

执行 Fisher 检验：

```
R 输出
  >chisq.test(x)

          Pearson's Chi-squared test

  data:  x
  X-squared=2.138,df=4,p-value=0.7104
```

结果显示，检验的 $P$ 值为 0.7104，所以在 0.05 的置信水平下，无法拒绝原假设，认为学生学习成绩与性别无关。

## 五、练习实验

（1）某学校 166 名学生的某门课程的统计数据如下：

**表 9-8 166 名学生某门课程分数段人数统计** 单位：人

| 分数段 | ≥90 | [80，90) | [70，80) | [60，70) | <60 |
|---|---|---|---|---|---|
| 男 | 7 | 23 | 31 | 19 | 12 |
| 女 | 3 | 14 | 29 | 18 | 10 |

人们怀疑学生的成绩与性别有关，试问这一怀疑是否是合理的（数据详见附录二二维码 9.1.1.txt）。

（2）一项是否提高小学生的计算机课程比例的调查结果如下：

**表 9-9 不同年龄段人群是否同意提高小学生计算机课程** 单位：人

| 年龄段 | 同意 | 不同意 | 不知道 |
|---|---|---|---|
| 55 岁以上 | 32 | 28 | 14 |
| 36~55 岁 | 44 | 21 | 17 |
| 18~35 岁 | 47 | 12 | 13 |

试问年龄因素是否影响了被调者对问题的回答？（数据详见附录二二维码 9.1.3.txt）

# 第十章

# 核函数密度估计

对于数据密度函数的估计属于一个比较新的领域，本章将简单介绍其中的核密度估计。该估计方法相对于今天统计中的直方图而言具有更好的连续性，而且解释能力更强，为数据的进一步分析奠定了基础。

# 实验　核函数密度估计

## 一、实验目的

掌握核函数密度估计的方法；学习如何利用 R 软件对数据进行核函数密度估计。

## 二、实验内容

根据所提供的统计数据，利用 R 软件进行核函数密度估计，并绘制出密度函数图。

## 三、准备知识

1. 密度估计简介

密度估计是指对给定样本的总体密度的估计。这是统计研究的一个关键问题。当一个随机变量的密度函数被构建起来后，我们就对这个随机变量有了充分的了解，其他相关问题也就能很快地得到解决。

对密度的估计可以分为参数估计和非参数估计两种类型。前者是密度函数结构已知而只有其中某些参数未知，此时的密度估计就是传统的参数估计问题。后者是密度函数未知（或最多只知道连续、可微等条件），仅从即有的样本出发得出密度函数的表达式，此时的密度估计即非参数密度估计。非参数密度估计始于直方图法，后来发展为最近邻法、核估计法等，其中理论发展最为完善的是核密度估计法，本章也重点介绍该估计法。

2. 非参数核估计基本概念

最简单的密度估计方法就是绘制直方图，但是其具有以下三点明显的缺陷：①对每个落入区间的数据赋予相同的权重，这在区间较大时，就明显会影响估计结果；②估计结果明显不是一个光滑估计；③估计结果对区间宽度的选择有很强的依赖，同时对区间中心的位置也有较强的依赖。Rosenblatt（1956）、Whittle（1958）和 Parzen（1962）设计了新的密度估计的方法，来弥补以上缺陷。首先将直方图中的盒子指示函数换为光滑的核估计函数，其次将估计区间中心定为样本观察值（见图 10-1），进而由此得到新的估计方法——核密度估计方法。

Def：设（$x_1$，…，$x_n$）为离散的随机样本，则单变量核密度估计为：

$$\hat{f}(x)=\frac{1}{nh}\sum_{i=1}^{n}k\left(\frac{x-x_i}{h}\right)$$

其中，$\hat{f}(x)$ 为总体未知密度函数 $f(x)$ 的一个核估计，$k(\cdot)$ 为核函数，$h$ 为窗宽，$n$ 为样本容量。可以看出，核函数是一种权函数；该函数利用数据点 $x_i$ 到 $x$ 的距离（$x-x_i$）来

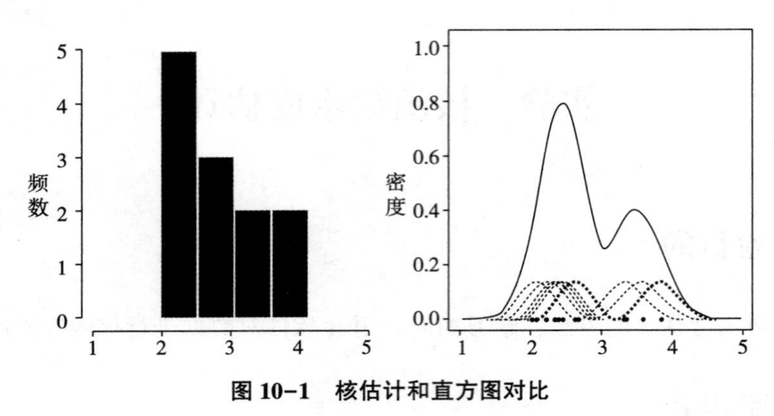


图 10-1　核估计和直方图对比

决定 $x_i$ 在估计点 $x$ 的密度函数值时所起的作用。如果核函数选择标准正态密度函数 $\varphi(\cdot)$，则离 $x$ 点越近的样本点，加的权就越大，影响也越大。

核密度估计结果既与样本有关，又与核函数及窗宽的选取有关。在给定样本以后，一个核估计的好坏，取决于核函数及窗宽的选取是否得当。核函数和窗宽的选择直接影响密度函数的估计精度。

3. 核函数选择

一般核函数属于对称的密度函数族 $P$，即核函数 $k(\cdot)$ 满足如下条件：

$$k(-x)=k(x);\quad k(x)>0;\quad \int k(x)dx=1$$

常见的对称密度函数都可以作为核函数引入密度估计中，常用的核函数如表 10-1 所示。

表 10-1　常用核函数表达式

| 核函数名 | 核函数 $k(u)$ |
|---|---|
| 均匀 | $\frac{1}{2}I(\lvert u\rvert\leq 1)$ |
| 指数 | $\frac{1}{2}\lambda e^{-\lambda\lvert u\rvert}$ |
| 柯西 | $\frac{1}{\pi(1+u^2)}$ |
| EV1 核 | $\frac{3}{4}(1-u^2)I(\lvert u\rvert\leq 1)$ |
| 三角 | $(1-\lvert u\rvert)I(\lvert u\rvert\leq 1)$ |
| 四次 | $\frac{15}{16}(1-u^2)I(\lvert u\rvert\leq 1)$ |
| 余弦 | $\frac{3}{4}\cos(\frac{\pi}{2}u)I(\lvert u\rvert\leq 1)$ |
| 三权 | $\frac{35}{32}(1-u^2)^3I(\lvert u\rvert\leq 1)$ |
| 正态 | $\frac{1}{\sqrt{2\pi}}e^{(-\frac{u^2}{2})}$ |

4. 最优窗宽的确定

为了对样本数据建立密度估计函数，我们必须选择一个合适的值作为窗宽（Bandwidth）$h$，这个参数是整个非参数密度估计中唯一需要人为确定的参数，同时该参数对整个估计效果有直接的影响（由于该参数主要影响估计曲线的光滑性，因此有时该参数也叫作光滑参数），常用的估计窗宽为的方法交叉印证法（*Cross*-Validation Method）。交叉印证法的目标是使 *ISE* 最小。其中 *ISE* 定义为：

$$ISE(h)=\int(\hat{f}(x)-f(x))^2dx$$

很明显 *MISE* 和 *ISE* 同为评价估计效果好坏的函数，其值越小越好。且两者间存在以下关系：$MISE(h)=E[ISE(h)]$。该方法由 Rudemo（1982）和 Bowman（1984）提出后，成为较为流行的窗宽估计方法。

在 R 软件中，核密度函数估计的函数为 density()，其具体用法为：

```
density(x,bw="nrd0",adjust=1,kernel=c("gaussian","epanechnikov",
    "rectangular","triangular","biweight","cosine","optcosine"),
    weights=NULL,window=kernel,width,give.Rkern=FALSE,
    n=512,from,to,cut=3,na.rm=FALSE,…)
```

其中，x 为样本数据；bw 为窗宽，这里可以由我们自己制定，也可以使用默认的办法 nrd0：Bandwidth selectors for Gaussian kernels，还可以使用 bw.SJ(x,nb=1000,lower=0.1*hmax,upper=hmax,method=c("ste","dpi"),tol=0.1*lower)，这里的 method="dpi" 就是前面提到过的插入法，"ste" 代表 solve-the-equationplug-in，也是插入法的改进；kernel 为核的选择；weights 表示对比较重要的数据采取加权处理。其他参数详见在线帮助文档。

## 四、实验项目

对沪深 300 股指期货收益率数据的密度函数进行估计。沪深 300 股指期货数据选用 2010 年 4 月 16 日至 2013 年 3 月 31 日中 716 个交易日的沪深 300 股指期货日线数据（数据详见附录二二维码 10.1.1.txt）。先做直方图，同时绘制非参数核密度估计和正态密度估计的密度函数图。执行以下代码：

R 代码

```
x=read.table("D:/data/10.1.1.txt")
x=x[,1]
hist(x,col='light blue',main="沪深 300 股指期货收益率图",xlab="收益率(%)",probability=T,ylim=c(0,0.5))
lines(density(x),col='red',lwd=3)
meanr=mean(x)
sdr=sd(x)
curve(dnorm(x,meanr,sdr),col='blue',lwd=3,lty=3,add=T)
```

R 输出

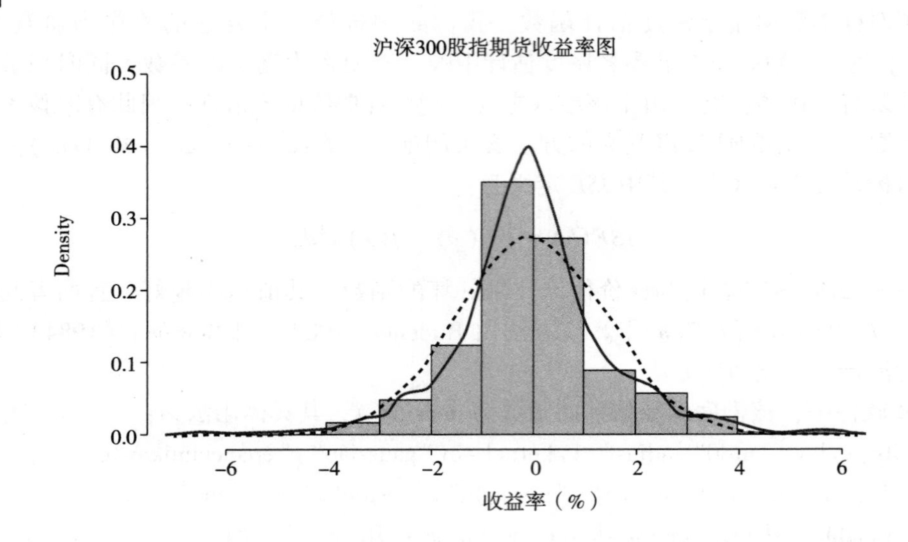


估计结果显示沪深 300 股指期货收益率数据具有尖峰厚尾的特征，如果用正态假设下的密度估计方法可能无法准确地刻画出总体分布形态；图中实线和虚线分别代表核密度估计图和正态假设下的密度估计图，该图清晰地显示了两种估计的差异，其中由于非参数核密度估计方法克服了以往采取正态分布假设上的不足，不受数据分布的限制，因此对数据的尖峰厚尾特征刻画得较好，而此时的正态假设下的密度估计图对尾部风险有低估的倾向。

## 五、练习实验

数据文件中包含了美国黄石国家地质公园老忠实喷泉的喷发时间和间歇时间数据，请对该数据进行核密度估计，并绘制出相应的密度估计曲线（数据详见附录二二维码 10. 1. 2. txt）。

# 第十一章

# 综合案例

# 综合实验一

## 一、问题介绍

本案例将研究在驾驶过程中接打电话是否影响司机反应，并导致刹车距离增加。在实验中13名没有接打电话的司机（A组）和10名接打电话的司机（B组）在车速为60km/h的情况下采取紧急刹车测试，得到这两组司机的刹车距离（米）分别如下：

A组：27.6　19.4　19.8　26.2　31.7　28.1　24.4　19.6　16.8　24.3　29.9　17.0　28.7

B组：39.5　31.2　25.1　29.4　31.0　25.5　15.0　53.0　39.0　24.9

请使用所学过的统计方法比较两组司机在判断刹车距离能力上的差异。

## 二、解决问题

### （一）读取数据及数据预处理

1. 读取数据到软件中

R代码

```
data=read.table("G:/非参数统计/实验报告/case1.txt")    ##读取数据
```

2. 在软件中显示数据

R代码

```
data  ##显示数据
```

R输出

```
    V1   V2
1   27.6  1
2   19.4  1
3   19.8  1
4   26.2  1
5   31.7  1
6   28.1  1
7   24.4  1
8   19.6  1
9   16.8  1
10 24.3   1
```

```
11 29.9  1
12 17.0  1
13 28.7  1
14 39.5  2
15 31.2  2
16 25.1  2
17 29.4  2
18 31.0  2
19 25.5  2
20 15.0  2
21 53.0  2
22 39.0  2
23 24.9  2
```

3. 将样本 1 的数据和样本 2 的数据赋值给变量 $X$ 和 $Y$

R 代码

```
x=data[data[,2]==1,1]   #提取样本编号为 1 的数据
y=data[data[,2]==2,1]   #提取样本编号为 2 的数据
```

### （二）数据分布状况

绘制箱线图：

R 代码

```
boxplot(x,y)   ##绘制箱线图
```

R 输出

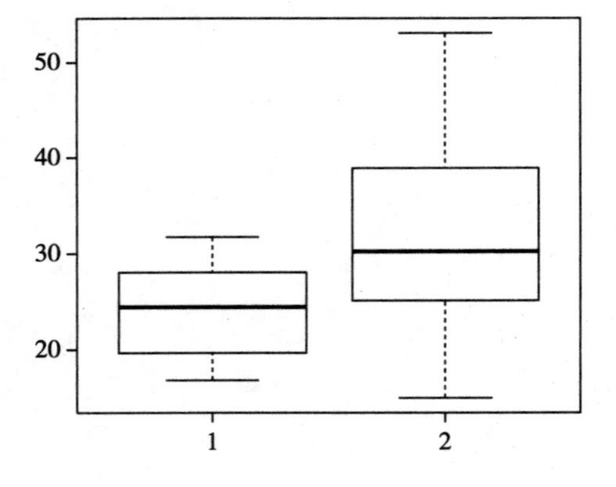

由箱线图可以看出两条“黑线”（中位数）所处位置不同，由此判断出两个总体的中心可能不等；再有，箱线图上下距离不等，由此判断出两个总体的尺度也可能不同。为了得到统计意义上的结论，接下来针对两组数据所代表的总体的中心与尺度是否相等进行统计检验。

下面先检验两个样本数据的中心位置是否相同，检验方法包括假设数据总体满足正态分布时使用的参数方法如双样本 $t$ 检验，以及对数据总体没有任何要求的 Brown-Mood 检验和 Wilcoxon 秩和检验。两组检验方法的最大区别是数据总体是否服从正态分布。在案例中，由于数据不满足数据量大于 30 个的大样本条件，而使用 $t$ 检验的前提条件是数据总体服从正态分布，但案例中并没有明确给出该条件，所以在样本容量不满足大样本要求，同时也没有明确指明数据服从正态分布的条件下，贸然使用 $t$ 检验是有风险的，为此要先对数据的正态性做出判断。

### （三）正态性检验

首先绘制 Q-Q 图，观察数据分布形态与正态分布形态的差异性大小。

R 代码
```
qqnorm(data[,1])  ###绘制 Q-Q 图
qqline(data[,1])  ###绘制 Q-Q 图上的直线
```

R 输出

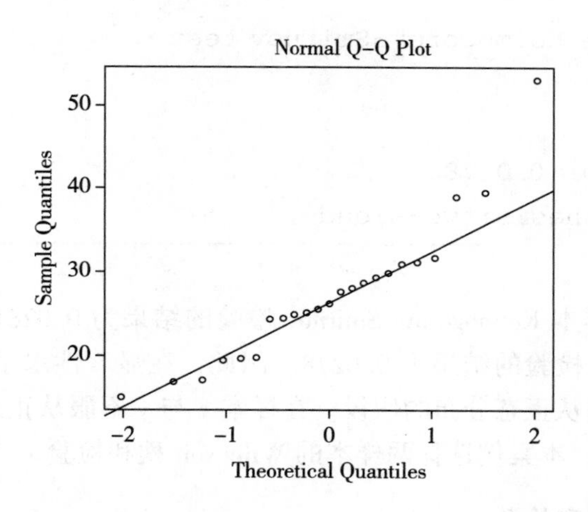


绘图结果显示，图上的点分布在直线两侧，有些点很紧密地靠近直线，而有些点距离直线较远。因此，我们怀疑数据服从正态分布的假设，为此需要做进一步的统计检验。正态性的检验方法包括 Kolmogorov-Smirnov 检验，以及基于该检验改进的正态性检验方法。

本案例中使用 Kolmogorov-Smirnov 检验方法对两组数据的正态性做出判断。Kolmogorov-Smirnov 检验的基本思想是使用经验分布函数（EDF）刻画样本数据的分布形态，使用经验

分布函数和理论分布函数的最大差异值作为统计量，并依此得出结论。接下来分别对样本 $x$ 和样本 $y$ 执行单样本 Kolmogorov-Smirnov 检验。

对样本 $x$ 执行单样本 Kolmogorov-Smirnov 检验：

R 代码
```
ks.test(x,"pnorm",mean(x),sd(x)^2)###对 x 执行单样本 K-S 检验
```

R 输出
```
        One-sample Kolmogorov-Smirnov test

data:  x
D=0.38848,p-value=0.02816
alternative hypothesis:two-sided
```

对样本 $y$ 执行单样本 Kolmogorov-Smirnov 检验：

R 代码
```
ks.test(y,"pnorm",mean(y),sd(y)^2)###对 y 执行单样本 K-S 检验
```

R 输出
```
        One-sample Kolmogorov-Smirnov test

data:  y
D=0.44028,p-value=0.0278
alternative hypothesis:two-sided
```

对样本 $x$ 执行单样本 Kolmogorov-Smirnov 检验的结果为 0.02816，对样本 $y$ 执行单样本 Kolmogorov-Smirnov 检验的结果为 0.0278。因此，在显著性水平为 0.05 的情况下，我们可以拒绝这组数据服从正态分布的假设。在样本 $x$ 与 $y$ 不服从正态分布的情况下，使用 $t$ 检验会有风险，因此，本案例选择两样本的 Wilcoxon 秩和检验。

### （四）Wilcoxon 秩和检验

1. 对样本 $x$ 和样本 $y$ 执行 Wilcoxon 秩和检验

Wilcoxon 秩和检验中记两个独立总体的随机样本分别为 $x_1$，…，$x_m$ 和 $y_1$，…，$y_n$。那么问题归结为检验它们总体中位数的差是否等于零，或是等于某个已知值，换言之，即检验：

$H_0$：这两个样本所代表的总体中位数一样

⇔

$H_1$：这两个样本所代表的总体中位数不一样，即A组司机比B组司机判断得快

令A组样本数据的中位数为$M_x$，B组的为$M_y$，则：

$$H_0:\ M_x \leqslant M_y \Leftrightarrow H_1:\ M_x \leqslant M_y$$

把样本$x_1$，…，$x_m$和$y_1$，…，$y_n$混合起来，并把这$N(m+n)$个数按照从小到大的顺序排列起来，这样每个$y$观测值都有自己的秩。令$R_i$为$y_i$在这$N$个数中的秩，显然，如果这些秩的和$W_y=\sum_{i=1}^{n}R_i$很小，则y样本的值偏小，可以怀疑原假设。同样，对于$x$样本也可以得到其样本点在混合样本中的秩和$W_x$。$W_y$或$W_x$为Wilcoxon秩和统计量，利用该统计量的分布进行检验。所以，在本题中要解决中位数的点估计和区间估计问题，可以使用Wilcoxon秩和检验。

R代码

```
wilcox.test(x,y) ###对样本 x 和样本 y 执行 Wilcoxon 秩和检验
```

R输出

```
        Wilcoxon rank sum test

data:  x and y
W=35,p-value=0.0666
alternative hypothesis:true location shift is not equal to 0
```

检验结果为0.0666，所以在显著性水平为0.05的情况下，不能拒绝原假设。因为这是一个双边检验，而我们的问题是想知道第一组是否比第二组要小，属于单边检验的范畴。因此，接下来对样本$x$和样本$y$执行单边双样本检验。

2. 对样本$x$和样本$y$执行单边双样本Wilcoxon检验

R代码

```
wilcox.test(x,y,alt="less",exact=F)  ###对 x,y 执行单边双样本 Wilcoxon 检验
```

R输出

```
        Wilcoxon rank sum test with continuity correction

data:  x and y
W=35,p-value=0.03366
alternative hypothesis:true location shift is less than 0
```

3. 计算 Wilcoxon 秩和检验精确分布概率

R 代码
```
wilcox.test(x,y,alt="less",exact=T)###精确分布
```

R 输出
```
        Wilcoxon rank sum test

data:  x and y
W=35,p-value=0.0333
alternative hypothesis:true location shift is less than 0
```

检验结果显示：在 $x$ 样本容量为 13、$y$ 样本容量为 10 的情况下，统计量 $W_{xy}$ 为 35 的取值概率为 0.0333，在显著性水平 $\alpha = 0.05$ 的条件下，拒绝样本 $x$ 和样本 $y$ 所代表总体的中心相同的假设。

### （五）尺度检验

根据前文的箱线图，可以看出样本 $x$ 和样本 $y$ 所代表总体的中心和方差均有可能不同，前文通过 Wilcoxon 秩和检验已经证明样本 $x$ 和样本 $y$ 所代表总体的中心不同，接下来检验样本 $x$ 和样本 $y$ 所代表总体的方差是否相同。

因为尺度检验的前提条件是 $\theta_1=\theta_2$，而前文的检验结果显示：$\theta_1$ 不等于 $\theta_2$。因此，在检验前要对数据进行预处理，使得两组数据中心相同。平移的过程为：先找出 $x$ 和 $y$ 之间差值的中位数，进而得出中位数差值为 6，因此我们让 $x$ 整体向右平移 6 个单位，得到新的数据，记为 $x1$，并重新绘制箱线图，代码和绘图结果如下：

R 代码
```
x1=x-median(outer(x,y,"-"))   ####移动 x,保证与 y 的中心一致
boxplot(x1,y)   ####绘制箱线图
```

R 输出

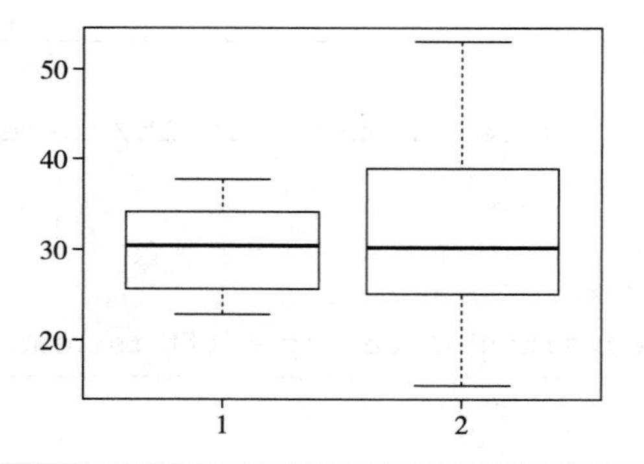

由箱线图可以看出新数据的中心已经调整一致，接下来看它们的敛散度是否一致。选择假设形式：

$H_0$：这两个样本所代表的总体方差一样⇔$H_1$：$A$ 组司机刹车距离方差小于 $B$ 组司机

令 $A$ 组样本数据的中位数为 $\sigma_x$，$B$ 组的为 $\sigma_y$，则：

$$H_0: \sigma_x \geqslant \sigma_y \Leftrightarrow H_1: \sigma_x < \sigma_y$$

将 x1 和 y 合并为新的变量，记为 xy。接下来计算尺度秩，整个计算过程为：首先对 xy 数据进行排序，取出第一列数据；其次计算样本容量，创建尺度秩统计量保存空间；再次对最小的数据赋尺度秩为 1，并开辟空间用于保存尺度秩计算结果；最后按照尺度秩计算规则计算尺度秩。

1. 计算尺度秩

R 代码

```
xy=cbind(c(x1,y),c(rep(1,length(x)),rep(2,length(y))))    ##样本 1 与样本 2 具有相同的中心
xy1=xy[order(xy[,1]),];   ###排序
data=xy[,1];
m=length(data)   #计算样本容量
R=rep(0,m)   #创建尺度秩统计量保存空间
R[1]=1   #第一个统计量赋尺度秩为 1
k=0
low=1
up=1
for(i in 2:m)
{
  if(k% % 4==0 ||k% % 4==1)
  {
    R[m-low+1]=i
    low=low+1
  }
  else
  {
    R[up+1]=i
    up=up+1
  }
  k=k+1
}
```

2. 计算秩和

将尺度秩与原有变量结合，得到新的含有尺度秩的变量，通过求和可以计算得到统计量 $W_x$ 和 $W_y$。值得注意的是在 R 语言中，我们使用 Pwilcox 计算 Wilcoxon 分布函数值的时候，所对应的参数是统计量 $W_{yx}$，而不是 $W_x$，所以要把 $W_x$ 转化为 $W_{yx}$。

R 代码

```
xy2=cbind(xy1,R);  #构建含有尺度秩的数据框
Wx=sum(xy2[xy2[,2]==1,3]);  #计算统计量 Wx
Wy=sum(xy2[xy2[,2]==2,3])  #计算统计量 Wy
nx=length(x);ny=length(y);
Wxy=Wy-0.5*ny*(ny+1);  #计算统计量 Wxy
Wyx=Wx-0.5*nx*(nx+1);  #计算统计量 Wyx
pvalue=1-pwilcox(Wyx,nx,ny)
cat(pvalue,Wx,Wyx ,Wy,Wxy,"\n")  ###输出计算结果
```

R 输出

```
0.1419647  173  82  103  48
```

计算的结果显示：相应事件的概率为 0.14，$W_x$、$W_{yx}$、$W_y$、$W_{xy}$ 的值分别为 173、82、103、48，$W_{yx}$ 的值比之前统计量大一些，更加靠近中间，所以概率值也更加靠近中间。因此，现在计算出的结果不拒绝原假设（原假设为它们的方差相同），即在现有的条件数据下，使用尺度检验不能拒绝原假设。

## 三、结果及解释

综上所述：样本 $x$ 和样本 $y$ 所代表总体的中心不同，具体而言，样本 $x$ 所代表总体的中心小于样本 $y$ 所代表总体的中心；此外，在现有的条件数据下，使用尺度检验没有拒绝原假设，不能说明样本 $x$ 和样本 $y$ 所代表总体的方差不相同。至此得到结论：接打电话会影响司机反应速度，导致刹车距离延长。

# 综合实验二

## 一、问题介绍

研究计算器是否影响学生手算能力的实验中，13 个没有计算器的学生（A 组）和 10 个拥有计算器的学生（B 组）对一些计算题进行手算测试，这两组学生得到正确答案的时间（分钟）分别如下：

A组：27.6　19.4　19.8　26.2　31.7　28.1　24.4　19.6　16.8　24.3　29.9　17.0　28.7

B组：39.5　31.2　25.1　29.4　31.0　25.5　15.0　53.0　39.0　24.9

能否说A组的学生比B组的学生算得更快？利用所学的检验得出你的结论，并找出所花时间的中位数的差的点估计和95%置信度的区间估计。

## 二、解决问题

利用Wilcoxon两个独立样本的秩和检验方法进行检验。把样本 $x_1$，…，$x_m$ 和 $y_1$，…，$y_n$ 混合起来，并把这 $N(m+n)$ 个数按照从小到大的顺序排列起来，这样每个 $y$ 观测值都有自己的秩。令 $R_i$ 为 $y_i$ 在这 $N$ 个数中的秩，显然如果这些秩的和 $W_y = \sum_{i=1}^{n} R_i$ 很小，则y样本的值偏小，可以怀疑原假设。同样，对于 $x$ 样本也可以得到其样本点在混合样本中的秩的和 $W_x$ 。在本题中，要解决点估计和区间估计的问题，使用Wilcoxon秩和检验可以完成。

解：

$H_1$：A组学生比B组学生算得快

A组秩和 $R_A = 13+4+6+12+20+14+8+5+2+7+17=126$

B组秩和 $R_B = 22+19+10+16+18+11+1+23+21+9=150$

A组逆转数和 $W_A = 126-(13\times14)/2=35$

B组逆转数和 $W_B = 150-(10\times11)/2=95$

当 $n_A=13$，$n_B=10$ 时，样本量较大，超出了附表范围，不能查表得到临界值，所以用正态近似。计算可得：

$$Z = \frac{W_A - \frac{n_A n_B}{2}}{\sqrt{\frac{n_A n_B (n_A + n_B + 1)}{12}}} = \frac{35 - 13 \times 10/2}{\sqrt{13 \times 10 \times (13 + 10 + 1)}} \approx -1.8605$$

当显著性水平取0.05时，正态分布的临界值 $Z_\alpha = -1.645$。

由于 $Z < \frac{Z_\alpha}{2}$，所以拒绝 $H_0$，说明A组学生比B组学生算得快。

### （一）读取数据及数据预处理

1. 读取数据到软件中

R代码

```
data=read.table("G:/非参数统计/实验报告/case1.txt")##读取数据
```

2. 在软件中显示数据

R代码

```
data#显示数据
```

R 输出

```
     V1  V2
1   27.6  1
2   19.4  1
3   19.8  1
4   26.2  1
5   31.7  1
6   28.1  1
7   24.4  1
8   19.6  1
9   16.8  1
10 24.3  1
11 29.9  1
12 17.0  1
13 28.7  1
14 39.5  2
15 31.2  2
16 25.1  2
17 29.4  2
18 31.0  2
19 25.5  2
20 15.0  2
21 53.0  2
22 39.0  2
23 24.9  2
```

3. 将样本 1 的数据和样本 2 的数据赋值给变量 $x$ 和 $y$

R 代码

```
x=data[data[,2]==1,1]#提取样本 1 的数据
y=data[data[,2]==2,1]#提取样本 2 的数据
```

## （二）数据分布状况

绘制箱线图：

R 代码

```
boxplot(x,y)##绘制箱线图
```

R 输出

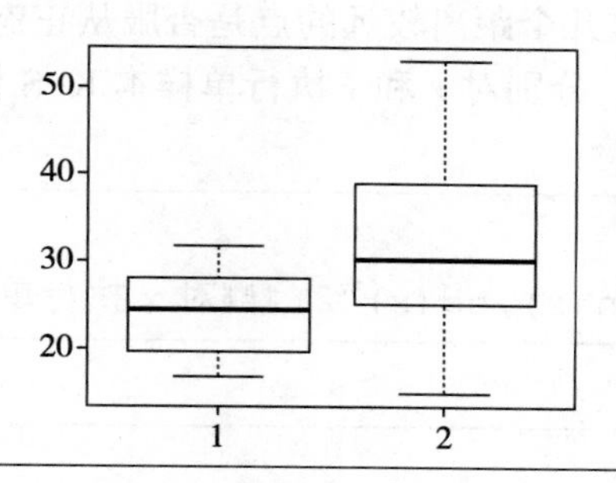


由箱线图可以看出两个箱线图黑线防处位置不同，由此判断中心可能不等；箱线图上下距离不等，由此判断尺度也可能不同。下一步，就中心与尺度是否相等进行检验，并对两个样本数据中心、位置是否相同进行检验（包括参数方法、双样本 $t$ 检验、Wilcoxon 秩和检验）。①

我们在这可以选择正态分布下的双样本 $t$ 检验、双样本的 Wilcoxon 秩和检验。对于两样本，方差是否相同的检验包括方差检验或尺度检验。在本题中，数据是样本容量小于 30 个的小样本，如果总体不服从正态分布，将不能使用 $t$ 检验，这时候，我们需要对它的正态性做出判断。

### （三）正态性检验

先通过绘制图形观察数据是否服从正态分布，代码和绘制结果如下：

R 代码

```
qqnorm(data[,1])###绘制 Q-Q 图
qqline(data[,1])###绘制 Q-Q 图上的直线
```

R 输出

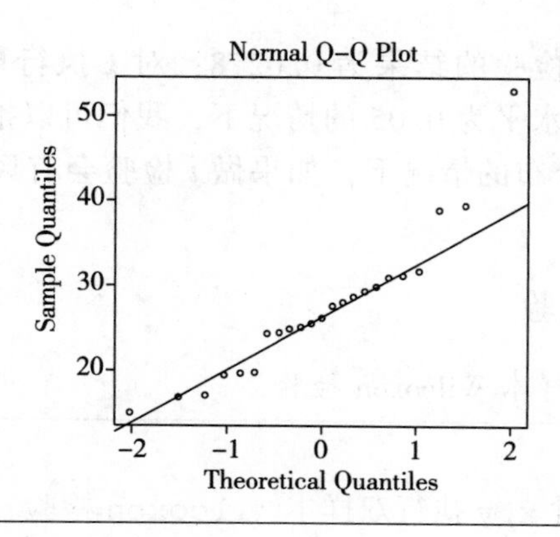


① 检验方法的最大区别是这组数据是否服从正态分布。

绘制的 Q-Q 图显示，图上的点在直线两侧分布，有些点很紧密地靠近直线，而有些点距离直线较远。为了验证这几个距离较远的点是否服从正态分布，可以选择单样本 Kolmogorov-Smirnov 检验。其中，分别对 $x$ 和 $y$ 执行单样本 K-S 检验。

对 $x$ 执行单样本 K-S 检验：

R 代码

```
ks.test(x,"pnorm",mean(x),sd(x)^2)###对 x 执行单样本 ks 检验
```

R 输出

```
        One-sample Kolmogorov-Smirnov test

data:  x
D=0.38848,p-value=0.02816
alternative hypothesis:two-sided
```

对 $y$ 执行单样本 K-S 检验：

R 代码

```
ks.test(y,"pnorm",mean(y),sd(y)^2)###对 y 执行单样本 ks 检验
```

R 输出

```
        One-sample Kolmogorov-Smirnov test

data:  y
D=0.44028,p-value=0.0278
alternative hypothesis:two-sided
```

对 $y$ 执行单样本 K-S 检验的结果为 0.0278；对 $x$ 执行单样本 K-S 检验的结果为 0.02816，因此，在显著性水平为 0.05 的情况下，我们可以拒绝这组数据服从正态分布的假设。在 $x$ 不服从正态分布的情况下，如果做 $t$ 检验会有风险，因此，选择两样本的 Wilcoxon 秩和检验。

### （四）Wilcoxon 秩和检验

1. 对 $x$、$y$ 执行双边双样本 Wilcoxon 检验

R 代码

```
wilcox.test(x,y)###对 x,y 执行双样本 Wilcoxon 检验
```

R 输出

```
            Wilcoxon rank sum test

data:  x and y
W=35,p-value=0.0666
alternative hypothesis:true location shift is not equal to 0
```

检验结果为0.0666，所以在显著性水平为0.05的情况下，不能拒绝原假设。因为这是一个双边检验，而我们的问题是第一组样本数据中心是否比第二组样本数据中心小，属于单边检验的范畴。因此，对 $x$、$y$ 执行单边双样本检验。

2. 对 $x$、$y$ 执行单边双样本 Wilcoxon 检验

R 代码

```
wilcox.test(x,y,alt="less",exact=F)###对x,y执行单边双样本Wilcoxon检验
```

R 输出

```
            Wilcoxon rank sum test with continuity correction

data:  x and y
W=35,p-value=0.03366
alternative hypothesis:true location shift is less than 0
```

使用精确分布计算：

R 代码

```
wilcox.test(x,y,alt="less",exact=T)###exact=T表示使用精确分布
```

R 输出

```
            Wilcoxon rank sum test

data:  x and y
W=35,p-value=0.0333
alternative hypothesis:true location shift is less than 0
```

检验结果显示：在 $x$ 样本容量为13、$y$ 样本容量为10的情况下，统计量 $W_{yx}$ 为35的取值概率为0.0333。以上为位置的检验，接下来进行尺度检验。

### （五）尺度检验

因为尺度检验的前提条件是 $\theta_1=\theta_2$，当前的检验结果显示，$\theta_1$ 不等于 $\theta_2$，因而需要对

数据进行平移。平移的过程为：先找出 $x$ 和 $y$ 之间差值的中位数，中位数差值为 6，因此我们让 $x$ 整体向右平移 6 个单位，得到新的 $x1$。进而，重新绘制箱线图，执行以下代码：

R 代码

```
x1=x-median(outer(x,y,"-"))####移动 x,保证与 y 的中心一致
boxplot(x1,y)
```

R 输出

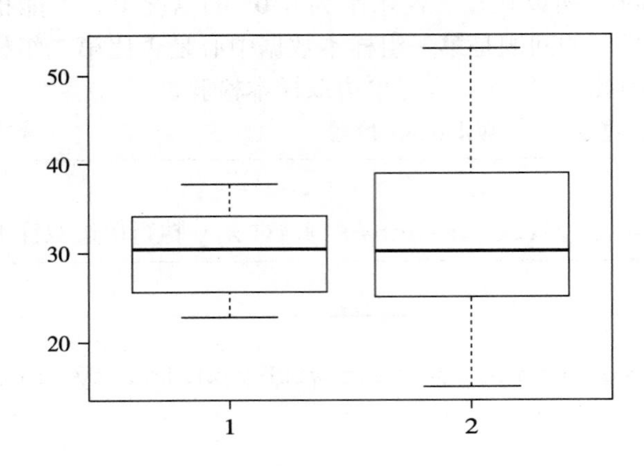


由箱线图可以看出两组数据中心一致，接下来看它们的连散度是否一致。将 $x1$ 和 $y$ 合并为新的变量，记为 $xy$，这时，$xy$ 和原来数据相比，它们的中心一致。先对 $xy$ 进行排序，取出第一列数据，计算样本容量，创建尺度秩统计量保存空间，给第一个统计量赋尺度秩为 1，接下来生成并保存一组标签值，$k=0$，下限为 1。

创建尺度秩统计量：

R 代码

```
>xy=cbind(c(x1,y),c(rep(1,length(x)),rep(2,length(y))))##样本 1 与样
本 2 具有相同的中心
>xy1=xy[order(xy[,1]),];###排序
>data=xy[,1];
>m=length(data)#计算样本容量
>R=rep(0,m)#创建尺度秩统计量保存空间
>R[1]=1#第一个统计量赋尺度秩为 1
>k=0
>low=1
>up=1
```

1. 计算尺度秩

R 代码

```
>for(i in 2:m)
+ {
+   if(k% % 4==0||k% % 4==1)
+   {
+     R[m-low+1]=i
+     low=low+1
+   }
+   else
+   {
+     R[up+1]=i
+     up=up+1
+   }
+   k=k+1
+
+ }
>xy2=cbind(xy1,R);#构建含有尺度秩的数据框
>Wx=sum(xy2[xy2[,2]==1,3]);#计算统计量 Wx
>Wy=sum(xy2[xy2[,2]==2,3])#计算统计量 Wy
>nx=length(x);ny=length(y);
>Wxy=Wy-0.5*ny*(ny+1);#计算统计量 Wxy
>Wyx=Wx-0.5*nx*(nx+1);#计算统计量 Wyx
>pvalue=1-pwilcox(Wyx,nx,ny)
>cat(pvalue,Wx,Wxy ,Wy,Wyx,"\n")###输出计算结果
```

R 输出

```
>0.1419647 173 48 103 82
```

2. 计算秩和

将尺度秩与原有变量混合，得到新的含有尺度秩的变量，分别计算统计量 $W_x$、$W_y$、$W_{xy}$、$W_{yx}$。①

计算得到概率为 0.14，$W_x$、$W_{xy}$、$W_y$、$W_{yx}$ 值分别为 173、48、103、82，$W_{xy}$ 的值比之前的统计量大一些，更加靠近中间，所以概率值也更加靠近中间。因此，现在计算出的结

① 计算完 $W_x$ 和 $W_y$ 之后还要计算 $W_{xy}$、$W_{yx}$ 的原因：在 R 语言中，我们计算概率的 Wilcoxon 分布的函数时，它对应的统计量要用 $W_{yx}$，而不能直接用 $W_x$，所以我们要把 $W_x$ 转化为 $W_{yx}$。

果不拒绝原假设（原假设为它们的方差相同），即在现有的条件数据下，使用尺度检验没有拒绝原假设。

## 三、结果及解释

在0.05的显著性水平上可以接受A组的学生比B组的学生算得更快的假设。点估计为-1，区间估计为34。在计算区间估计时，遇到了问题。错用单样本的Wilcoxon符号秩检验求置信区间，改变代码尝试了多次都没有结果。后来找到了两样本的Wilcoxon秩和检验的中位数的差的点估计和置信区间估计的专用代码才解决了问题。这只是一道小题，以后在R软件的实际应用中还会遇到很多问题，需要耐心的尝试与分析才能得出结果，应多看多记，掌握各种检验方法与代码，熟能生巧，这样才能在解决问题时少走弯路。

用了第一种方法之后再次仔细阅读书本，发现第二种方法也可以实现，就继续用了Brown-Mood中位数检验。

第一种方法与第二种方法的结论不同，但第一种方法在比较总体中位数的检验过程中，只分别利用了各样本大于或小于共同的中位数的数目，这如单样本的符号检验一样，失去了两样本具体观测值的相互关系的信息；而第二种方法利用了更多的关于样本点相对大小的信息。因此，第二种方法的结论更准确，接受第二种方法的结论，即A组的学生比B组的学生算得快。

# 综合实验三

## 一、问题介绍

1978年以来，内蒙古自治区（以下简称“内蒙古”）在经济发展和社会建设上均取得了巨大成就，实现了前所未有的大发展、大跨越和大突破。2013年内蒙古地区生产总值达到16832亿元，与1978年的58亿元相比，30余年间翻了8番多；地方财政总收入由7亿元增加到2658亿元；人均生产总值由317元增到67498元。21世纪以来，内蒙古GDP增速连续八年领跑全国，在全国所占比重逐步提高，人均GDP于2004年超过了全国平均水平，雄厚的经济实力和强劲的经济增长态势为实现自治区经济发展和提高城乡居民收入水平打下牢固的物质基础。2013年内蒙古城镇居民人均可支配收入达到25497元，比1978年的人均301元增长了83.7倍，年均增长13.5%。2013年内蒙古农村牧区居民人均纯收入8596元，比1978年的人均131元增长了64.6倍，年均增长12.7%。

但是，在这个长达36年的时间序列里，仅1/3的年份内蒙古农村牧区居民人均纯收入增速高于城镇居民人均可支配收入的增速外，其他2/3的年份内蒙古农村牧区居民收入增速均低于城镇居民收入增速。36年间全区城镇居民人均可支配收入年均增速为13.5%，而农村牧区居民人均纯收入年均增速为12.7%，收入增速的不同步，导致了城乡居民收入差距加大。

从城乡居民收入绝对差距看，1978 年内蒙古农村牧区居民人均纯收入为 131 元，2013 年增加到 8596 元，增加了 8465 元，增长了 64.6 倍；1978 年内蒙古城镇居民人均可支配收入为 301 元，2013 年增加到 25497 元，增加了 25196 元，增长了 83.7 倍。1978 年内蒙古城乡居民人均收入的绝对差距为 170 元，到 2013 年这一数字达到 16901 元，2013 年的城乡居民收入绝对差距是 1978 年绝对差的 99.4 倍。从城乡居民收入相对差距看，1978 年城乡居民人均收入相对差距为 2.30：1，2013 年这一数字增大到 2.96：1。城乡居民收入差距的扩大给内蒙古社会经济发展带来了很多负面影响，业已引起了各级政府和社会各界人士越来越多的关注，因此，研究内蒙古城乡居民收入差距现状、原因，探索调节控制收入差距的对策，不仅具有理论价值，而且具有现实意义。

**表 11-1 1978~2013 年农村牧区居民人均纯收入与城镇居民人均可支配收入**

| 年份 | 农村牧区居民人均纯收入 | | 城镇居民人均可支配收入 | |
|---|---|---|---|---|
| | 绝对数（元） | 指数（1978=100） | 绝对数（元） | 指数（1978=100） |
| 1978 | 131 | 100 | 301 | 100 |
| 1979 | 164 | 115.8 | 350.1 | 115.5 |
| 1980 | 192 | 123.9 | 407.1 | 124.7 |
| 1981 | 241 | 146.1 | 418.3 | 124.7 |
| 1982 | 288 | 163.8 | 452.7 | 133.6 |
| 1983 | 325 | 174.1 | 474.2 | 138.5 |
| 1984 | 368 | 189 | 548.8 | 152.8 |
| 1985 | 400 | 192.3 | 666 | 173 |
| 1986 | 382 | 171.3 | 773.6 | 187.4 |
| 1987 | 426 | 185.7 | 819.7 | 183 |
| 1988 | 547 | 219.3 | 915.8 | 174.8 |
| 1989 | 553 | 214.5 | 1052.8 | 175.9 |
| 1990 | 647 | 224.3 | 1155 | 189.6 |
| 1991 | 651 | 242.1 | 1294.7 | 200.5 |
| 1992 | 719 | 251.8 | 1478.9 | 210.7 |
| 1993 | 829 | 254.1 | 1883.3 | 235.2 |
| 1994 | 1062 | 266.2 | 2503 | 251.5 |
| 1995 | 1300 | 274 | 2845.7 | 244.1 |
| 1996 | 1602 | 314.5 | 3431.8 | 273.9 |
| 1997 | 1780 | 335.9 | 3944.7 | 300.9 |
| 1998 | 1982 | 379.2 | 4353 | 334.5 |
| 1999 | 2003 | 403.5 | 4770.5 | 365.5 |
| 2000 | 2038 | 408.7 | 5129.1 | 385.8 |
| 2001 | 1973 | 393.2 | 5535.9 | 411.9 |

续表

| 年 份 | 农村牧区居民人均纯收入 | | 城镇居民人均可支配收入 | |
|---|---|---|---|---|
| | 绝对数（元） | 指数（1978=100） | 绝对数（元） | 指数（1978=100） |
| 2002 | 2086 | 411.7 | 6051 | 446.7 |
| 2003 | 2268 | 436.5 | 7012.9 | 509.6 |
| 2004 | 2606 | 474 | 8123.1 | 575.9 |
| 2005 | 2989 | 526.1 | 9136.8 | 632.3 |
| 2006 | 3342 | 578.7 | 10358 | 708.2 |
| 2007 | 3953 | 655 | 12378 | 811.6 |
| 2008 | 4656 | 725.7 | 14433 | 897.6 |
| 2009 | 4938 | 771.3 | 15849.2 | 988.3 |
| 2010 | 5530 | 834.5 | 17698.2 | 1071.5 |
| 2011 | 6642 | 948.2 | 20407.6 | 1170.9 |
| 2012 | 7611 | 1060.4 | 23150.3 | 1285.9 |
| 2013 | 8596 | 1165 | 25496.7 | 1369.7 |

## 二、解决问题

### （一）数据收集与描述性统计分析

地区居民收入分配差距是我国经济社会发展过程中一个重要的问题。为研究东西部经济地区居民收入分配问题，本实验从《中国统计年鉴》上收集了1978~2013年内蒙古以及各盟市城镇居民人均可支配收入和农村牧区居民人均纯收入数据。

根据已有数据，分别制作出城镇居民人均可支配收入和农村牧区居民人均纯收入分布的箱线图。

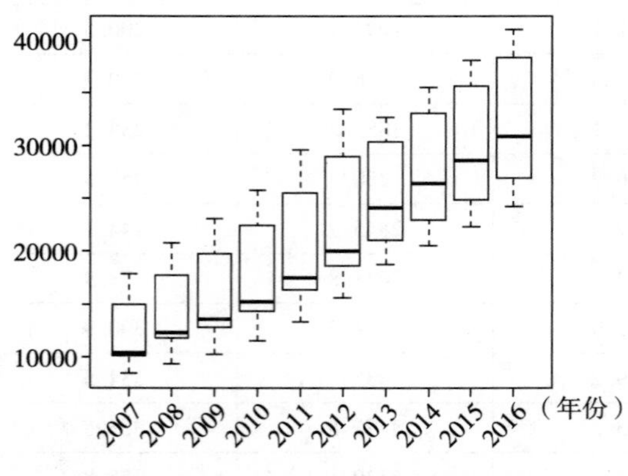


图 11-1　2007~2016 年城镇居民人均可支配收入箱线图

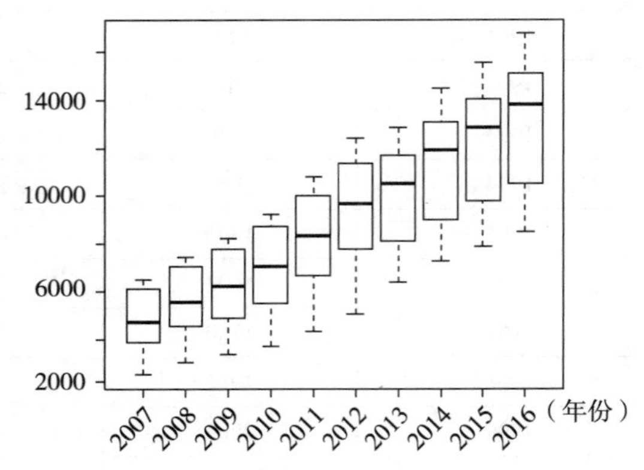


图 11-2　2007~2016 年农村牧区居民人均纯收入箱线图

从城镇居民人均可支配收入和农村牧区居民人均纯收入的箱线图可知，随着年份的增加，城镇居民人均可支配收入和农村牧区居民人均纯收入都呈现明显的增长态势，内蒙古各盟市城镇居民人均可支配收入2007年后一直呈左偏分布；农村牧区居民人均纯收入在2007年以后呈右偏分布。此外，无论是城镇居民人均可支配收入还是农村牧区居民人均纯收入的箱线图，均由初始的矮粗形态变为细长形态，表明就城镇居民可支配收入和农村牧区居民人均纯收入而言，全区各盟市之间的差异也在日益扩大，即各盟市之间的收入不平等趋势有所加强。

### （二）非参数检验与分析

实际分析问题时，往往不知道总体分布的函数形式，参数统计方法便不适用，而非参数统计则是不依赖总体分布具体形式的统计方法，尽量从数据（或样本）本身获得所需要的信息，通过估计而获得分布的结构，并逐步建立对事物的数学描述和统计模型。本实验主要运用了非参数统计的Wilcoxon秩和检验、Kruskal-Wallis检验和Bootstrap技术。

1. 对城乡居民收入的Wilcoxon秩和检验

Wilcoxon秩和检验是从两个不同的总体中分别获得两个随机样本，以推断两总体分布位置是否存在差异的非参数检验方法。Wilcoxon秩和检验和t检验是用于检验两独立样本定量资料的常用方法，在不知道总体分布的情况下，本实验应使用Wilcoxon秩和检验。

首先对内蒙古城镇居民人均可支配收入和农村牧区居民人均纯收入水平进行检验。待检验问题为$H_0$：$\mu_1=\mu_2$（城镇居民人均可支配收入和农村牧区居民人均纯收入无差异）；$H_1$：$\mu_1>\mu_2$（城镇居民人均可支配收入高于农村牧区居民人均纯收入）。调用R软件中的wilcox. test检验程序，输入命令wilcox. test(x, y, alt = "greater")，检验结果显示p-value<2.2e-16，小于0.05，因而拒绝原假设，认为城镇居民人均可支配收入高于农村牧区居民人均纯收入。

2. 各盟市的具体分析

Kruskal-Wallis检验也称H检验，是利用多个样本的秩和来推断各样本分别代表的总体的位置有无差别，最后按所取水平作出推断结论的方法。本案例Kruskal-Wallis检验显示，各盟市城镇居民人均可支配收入的Kruskal-Wallis检验p-value=4.16e-13，所以拒绝原假设，认为各盟市城镇居民人均可支配收入存在显著性差异；农村牧区居民人均纯收入水平各盟市的Kruskal-Wallis检验p-value=6.561e-13，不能拒绝零假设，不认为各盟市农村牧区居民人均纯收入水平存在显著性差异，而是同样均衡。

3. 城乡居民收入差距的Cox-Staut趋势存在性检验

Cox-Staut趋势存在性检验，是一种不依赖于趋势结构的快速判断趋势是否存在的方法。本案针对各盟市分别建立如下假设：$H_0$：无增长趋势；$H_1$：有增长趋势。

在各盟市城镇居民人均可支配收入和农村牧区居民人均纯收入水平之差$ad$的Cox-Staut趋势存在性检验中，$P$值均小于0.01，所以在0.01显著性水平下拒绝原假设，认为各盟市城镇居民人均可支配收入和农村牧区居民人均纯收入水平之差有显著的增长性趋势。

## 三、结果及解释

由上述分析，本实验得出以下结论：①随着年份的增加，城镇居民人均可支配收入和农村牧区居民人均纯收入水平都呈现明显的增长态势，但是近年城镇居民人均可支配收入和农村牧区居民人均纯收入之间整体存在显著差异。②无论是城镇居民人均可支配收入还是农村牧区居民人均纯收入各盟市之间的差异在由小变大。③各盟市城镇居民人均可支配收入和农村牧区居民人均纯收入水平差距存在着明显的增长趋势，即内蒙古以及各盟市的城镇居民人均可支配收入和农村牧区居民人均纯收入差距仍在不断扩大。

城乡居民收入差距扩大是一个已经长期存在，并已成为阻碍经济持续、健康发展的重大问题。1978 年以来，尤其是进入 21 世纪以后，城乡居民收入差距凸显了内蒙古自治区城乡经济发展不平衡的问题，如何建立与和谐内蒙古相适应的，既科学合理又公平公正的新型收入分配体系，达到合理调控城乡居民收入差距的目的，仍然是当前各级政府需要关注的现实问题。

# 附　录

## 附录一　R 语言简介和使用

### 一、R 简介

R 是一个有着统计分析功能及强大作图功能的软件系统，由 Ross Ihaka 和 Robert Gentleman 共同创立。R 语言可以看作是由 AT&T 贝尔实验室所创的 S 语言发展出的一种方言。因此，R 既是一种软件也可以说是一种语言。R 是在 GNU 协议 General Public Licence4 下免费发行的，它的开发及维护现在则由 R 开发核心小组（R Development Core Team）具体负责。

R 的安装文件有多种形式，可以在 Windows、Linux 上使用。这些安装文件以及安装说明都可以在 http://www.r-project.org/网站上下载。

R 内包含了许多实用的统计分析及作图函数。作图函数能将产生的图片展示在一个独立的窗口中，并能将之保存为各种形式的文件（jpg，png，bmp，ps，pdf，emf，pictex；具体形式取决于操作系统）。统计分析的结果也能被直接显示出来，一些中间结果（如 *P* 值、回归系数、残差等）既可保存到专门的文件中，也可以直接用作进一步的分析。在 R 语言中，使用者可以使用循环语句来连续分析多个数据集，也可将多个不同的统计函数结合在一个语句中执行更复杂的分析。R 使用者还可以借鉴网上提供的用 S 编写的大量程序[①]，而且大多数都能被 R 直接调用。非专业人员起初可能觉得 R 相对比较复杂。R 的一个非常突出的优点正是它的灵活性[②]。

### 二、安装 Windows 版本的 R

首先在以下链接 http://www.r-project.org/下载 R 的安装包并打开安装包，接下来点击下一步，就可以进行安装了。

---

① 可以参见：http://stat.cmu.edu/S/。

② 本段内容为基于 R for Beginners 文档中关于 R 的介绍的整理。

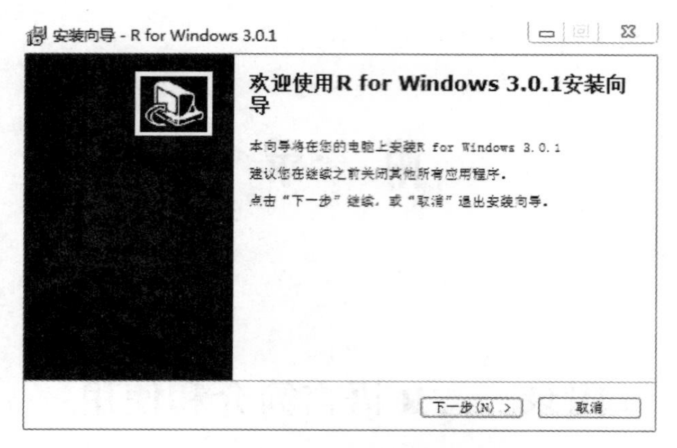


附图 1　安装向导

# 三、使用 R 语言

## （一）启动 R 软件

安装完毕后，可以通过桌面上的快捷方式或者开始菜单启动 R 软件。附图 2 是 R 软件运行后的主窗口，R 软件的界面与 Windows 的其他编程软件类似，由一些菜单和快捷按钮组成。快捷按钮下面的窗口便是命令输入窗口，它也是部分运算结果的输出窗口，有些运算结果则会在新建的窗口中输出。

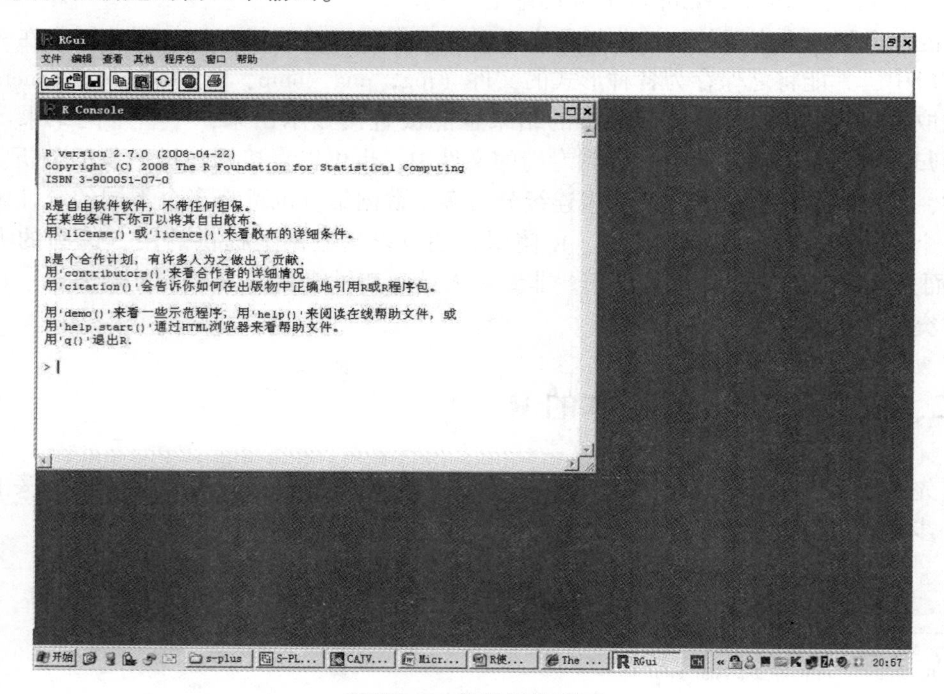


附图 2　R 软件操作界面

当一个R程序需要你输入命令时，它会显示命令提示符。默认的提示符是>。从软件技术上来区分，R是一种语法非常简单的表达式语言（Expression Language）。它对大小写敏感，因此A和a是不同的符号且指向不同的变量。通常数字、字母以及字符 . 和_ 都可以用作变量命名。不过，一个命名必须以 . 或者字母开头，并且以 . 开头时第二个字符不允许是数字。一行中，从井号（#）开始到句子收尾之间的语句就是注释。如果一条命令在一行结束的时候在语法上还不完整，R会给出一个不同的提示符，默认是+。该提示符会出现在第二行和随后的行中，它持续等待输入直到一条命令在语法上是完整的。该提示符可以被用户修改。

### （二）获得R软件的帮助

学习一个软件，可以先学习它的帮助系统，R软件的帮助系统并不是非常强大，但是对于软件学习有非常有效的帮助。首先来看看如何使用帮助。这里有两种方式：第一种方式是在R软件中输入“help. start( ) ”。如下：

R代码

```
help.start()
```

通过启动HTML形式的在线帮助（使用你的计算机里面可用的浏览器），用鼠标点击上面的链接，找到你需要的内容。如下：

R输出

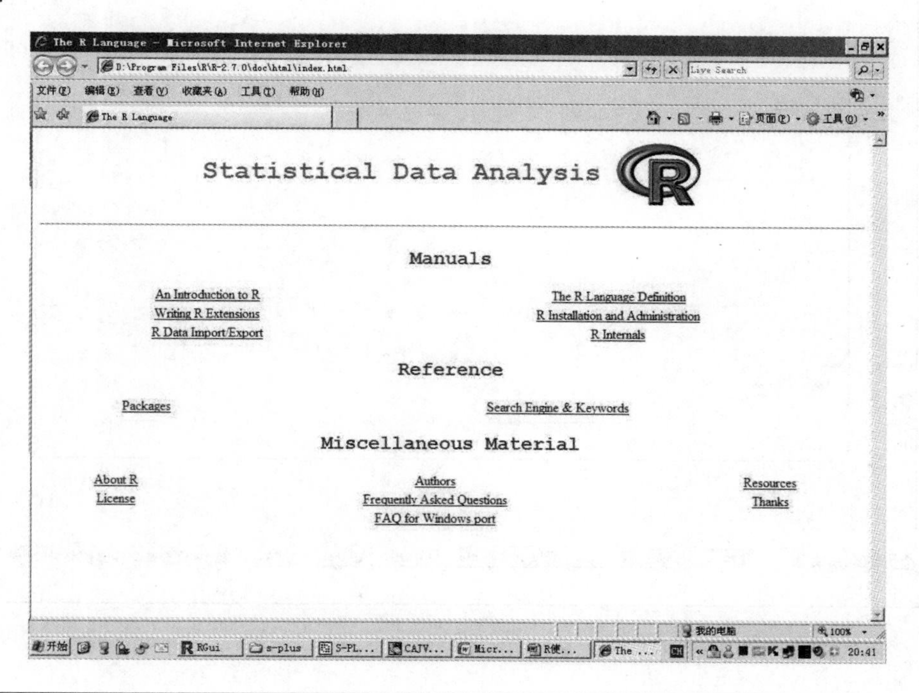

第二种方式更加直接有效，当你看到某个不知道的语句时可以通过这一方式来找到答案：例如 plot( ) 语句，如果你想知道它的用处，就在 R 软件中输入“？plot( ) ”，R 软件的帮助文档中便给出了函数 plot( ) 的描述、使用方法、参数简介，同时给出了使用例子，还给出了相关函数。这一方式为我们使用该函数提供了全面有效的信息（输出略）。

### （三）编写第一个 R 程序

为了对 R 程序系有一个直观的认识，下面在 R 的编译环境中录入以下代码，完成一个简单的数据生成以及散点图绘制的程序。

编写第一个 R 程序：

R 代码

```
x<- rnorm(50) #产生 50 个标准正态数据
y<- rnorm(x) #产生和 x 位数一样多的一组标准正态数据
plot(x,y) #画二维散点图
```

输入代码后，一个图形窗口会自动出现。如下：

R 输出

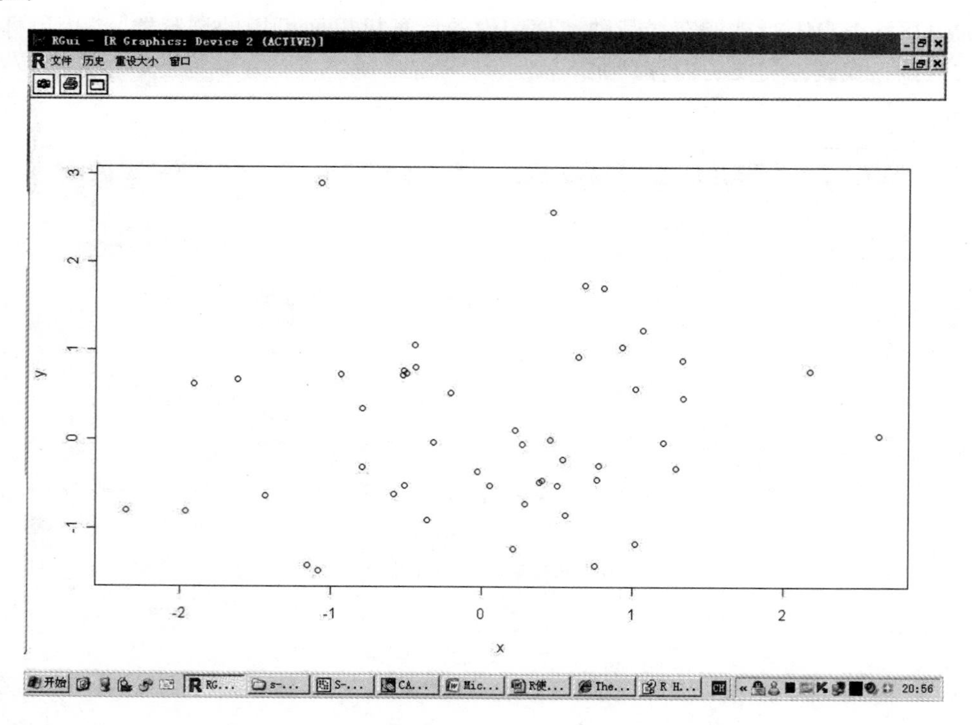

### （四）编写自己的函数

R 语言允许用户创建自己的函数（Function）对象。R 有一些内部函数可以用在其他的表达式中。通过这个过程，R 在程序的功能性、便利性和优美性上得到了扩展。学写这些有用的函数是一个人轻松地、创造性地使用 R 的最主要方式。

需要强调的是，大多数函数都作为 R 系统的一部分而提供，如 mean( )、var( )、postscript( ) 等。这些函数都是用 R 写的，因此在本质上和用户写的没有差别。一个函数是通过下面的语句形式定义的：

```
name<- function(arg 1,arg 2,…) expression
```

其中，expression 是一个 R 表达式（常常是一个成组表达式），它利用参数 argi 计算最终的结果。该表达式的值就是函数的返回值。

可以在任何地方以 name(expr1,expr2,…）的形式调用函数。

### （五）R 辅助编辑软件 Rstudio 简介

虽然 R 软件提供了非常强大的数组计算功能以及丰富的函数库，不过 R 软件的开发者并没有在软件界面上和人机交互上投入大量的精力，导致使用 R 软件进行较大规模的代码编写时效率不高。一些商业软件公司看中了 R 软件的强大的计算功能，同时得益于 R 软件的开源性，很多公司在 R 软件的基础上开发了相应的工作环境，使得代码编写变得更加简单，在这里笔者推荐一款 Rstudio 软件，软件的下载链接为：http://www.rstudio.com/。读者如果感兴趣可以自行下载安装该软件。

### （六）R 软件入门指令

1. 向量和赋值

R 是在已经命名的数据结构（Data Structure）上起作用的。其中，最简单的结构就是由一串有序数值构成的数值向量（Vector）。假如我们要创建一个含有五个数值的向量 x，且这五个值分别为 1，5，3，6 和 2，则 R 中的命令为：

```
x<- c(1, 5, 3, 6, 2)
```

这是一个用函数 c( ) 完成的赋值语句。这里的函数 c( ) 可以有任意多个参数，而它返回的值则是一个把这些参数首尾相连形成的向量 1。在 R 环境里面，单个的数值也是被看作长度为 1 的向量。在许多情况下，= 可以代替使用。

2. 向量运算

在算术表达式中使用向量将会对该向量的每一个元素都进行同样的算术运算。出现在同一个表达式中的向量最好是长度一致的。如果它们的长度不一样，该表达式的值将是一个和其中最长向量等长的向量。表达式中短的向量会被循环使用（Recycled）（可能是部分的元素）以达到最长向量的长度。一个常数就是简单的重复。利用前面例子中的变量，命令 y= 2x，可以得到 x 中的全部元素的 2 倍。

### （七）常用的 R 命令

本部分将常用的 R 命令做一个汇总表，方便大家查阅。

**附表 1　R 命令汇总**

<table>
<tr><th>分类</th><th>命令符</th><th>作用</th><th>备注</th></tr>
<tr><td rowspan="4">常用数值计算函数</td><td>abs（x）</td><td>绝对值</td><td></td></tr>
<tr><td>cos（x），sin（x），tan（x）<br>acos（x），asin（x），atan（x）<br>acosh（x），asinh（x），<br>tanh（x）</td><td>常用三角函数</td><td></td></tr>
<tr><td>floor（x），ceiling（x）</td><td>向下取整，向上取整，四舍五入</td><td></td></tr>
<tr><td>round（x，digits）</td><td>将 x 的元素四舍五入</td><td>digits 参数表示四舍五入到小数点后的位数</td></tr>
<tr><td rowspan="4">画图函数</td><td>plot（x）</td><td></td><td></td></tr>
<tr><td>qqnorm（x）</td><td></td><td></td></tr>
<tr><td>hist（x）</td><td></td><td></td></tr>
<tr><td>persp（x，y，z，…）</td><td></td><td></td></tr>
<tr><td rowspan="7">常用统计函数</td><td>max（x），min（x），range（x）</td><td>求向量 x 最大值，最小值，同时求出最大和最小值</td><td></td></tr>
<tr><td>sum（x），prod（x）</td><td>求向量 x 的所有元素的和与积</td><td></td></tr>
<tr><td>mean（x），median（x）</td><td>求出向量 x 的均值，中位数</td><td></td></tr>
<tr><td>quantile（x，n）</td><td>求出向量 x 的任意 n 分位数</td><td></td></tr>
<tr><td>rank（x）</td><td>求出向量 x 的秩统计量</td><td></td></tr>
<tr><td>var（x，y）</td><td>求向量 x 和 y 协方差</td><td></td></tr>
<tr><td>var（x）sd（x）</td><td>求出向量 x 的方差与标准差</td><td></td></tr>
<tr><td rowspan="6">常用运算符</td><td>+，-，*，/，^</td><td>加、减、乘、除、乘方</td><td></td></tr>
<tr><td>%%,%/%</td><td>模、整除</td><td></td></tr>
<tr><td><，></td><td>小于、大于</td><td></td></tr>
<tr><td><=，>=</td><td>小于等于、大于等于</td><td></td></tr>
<tr><td>==,!=</td><td>等于不等于</td><td></td></tr>
<tr><td>&，| ,!</td><td>与、或、非</td><td></td></tr>
</table>

# 附录二 二维码

1.1.1.txt 二维码　1.1.2.txt 二维码　1.1.3.txt 二维码　2.1.1.txt 二维码　2.1.2.txt 二维码

2.1.3.txt 二维码　2.2.1.txt 二维码　2.2.2.txt 二维码　2.3.1.txt 二维码　2.3.2.txt 二维码

2.4.1.txt 二维码　3.1.1.txt 二维码　3.1.2.txt 二维码　3.3.1.txt 二维码　4.1.1.txt 二维码

4.1.2.txt 二维码　4.1.3.txt 二维码　5.1.1.txt 二维码　5.1.2.txt 二维码　5.1.3.txt 二维码

5.2.1.txt 二维码　5.3.1.txt 二维码　5.3.2.txt 二维码　5.3.3.txt 二维码　5.4.1.txt 二维码

5.4.2.txt 二维码　5.4.3.txt 二维码　6.1.1.txt 二维码　6.1.2.txt 二维码　7.1.1.txt 二维码

**7. 1. 2. txt 二维码**　**8. 1. 1. txt 二维码**　**8. 1. 2. txt 二维码**　**8. 1. 3. txt 二维码**　**8. 1. 4. txt 二维码**

**9. 1. 1. txt 二维码**　**9. 1. 2. txt 二维码**　**9. 1. 3. txt 二维码**　**9. 1. 4. txt 二维码**　**9. 1. 5. txt 二维码**

**10. 1. 1. txt 二维码**

**10. 1. 2. txt 二维码**

说明：数据文件编码过程中若显示“数据所在节的信息没有使用”，则可减少编号位数，如将 1. 1. 1. txt 改为 1. 1. txt，或者注意修改节编号。